高等学校计算机科学与技术应用型教材

Java SE 应用详解

张 丽 主编

北京邮电大学出版社
www.buptpress.com

内 容 简 介

本书以最有趣的游戏开发为主线将Java语法知识融会贯通，既诠释了游戏设计理念与方法，又系统讲解了Java SE 6.0的核心技术。本书知识模块完善，通过初级语法篇、中级游戏篇、高级系统篇循序渐进地使学生掌握Java开发的各种知识。初级语法篇主要介绍Java编程环境与工具、常用类库、异常处理等知识。中级游戏篇将Java中的文本、图形、图像、音频、线程、事件、面向对象编程等知识融入游戏开发原理和技巧中，并深入探讨了如何解决闪烁、消除轨迹、提高动画效率、增加互动与音效等难点。高级系统篇主要以综合应用案例介绍GUI编程、数据库编程、网络编程等知识，并将前两篇所涉及的知识点进行整合与应用。

本书是一本以游戏开发为主线介绍Java语言的入门图书，可以作为数字媒体技术、计算机等相关专业学生的教材，也可以作为广大Java程序员或者游戏爱好者、设计者和开发者的参考书。本书既适合初学者入门、进阶之用，又是开发人员作为参考和总结的首选。

图书在版编目（CIP）数据

Java SE 应用详解 / 张丽主编． -- 北京：北京邮电大学出版社，2014.8
ISBN 978-7-5635-4088-4

Ⅰ．①J… Ⅱ．①张… Ⅲ．①JAVA语言－程序设计 Ⅳ．①TP312

中国版本图书馆 CIP 数据核字（2014）第 176113 号

书　　名：	Java SE 应用详解
主　　编：	张　丽
责任编辑：	刘春棠
出版发行：	北京邮电大学出版社
社　　址：	北京市海淀区西土城路 10 号（邮编：100876）
发 行 部：	电话：010-62282185　传真：010-62283578
E-mail：	publish@bupt.edu.cn
经　　销：	各地新华书店
印　　刷：	北京鑫丰华彩印有限公司
开　　本：	787 mm×1 092 mm　1/16
印　　张：	18
字　　数：	447 千字
印　　数：	1—3 000 册
版　　次：	2014 年 8 月第 1 版　2014 年 8 月第 1 次印刷

ISBN 978-7-5635-4088-4　　　　　　　　　　　　　　　定　价：36.00 元

· 如有印装质量问题，请与北京邮电大学出版社发行部联系 ·

前　言

　　Java 是当今最热门的编程语言,越来越多的优秀人才加入到 Java 大军中,随之应运而生的是各种培训机构和速成班。但由于各种原因,一些程序员迷失在 Java 庞大的系统和一些无谓的框架中无法自拔。

　　多年来的经验告诉我们,学得多不如学得精,无论技术发展到什么程度,基础永远是最重要的,也是生存的根本。Java SE 就是这样一个基础,不论是从事 Java EE 还是 Java ME 开发,最终都离不开 Java SE 的支持。缺少了扎实的 Java SE 基础,一切都是空谈,也都是不可企及的目标。

　　作者结合自己多年来在 Java 开发和授课指导中的经验,总结和汲取 Java 最核心的技术和能力,选取以最能引人入胜的游戏开发为主线将 Java 语法知识融会贯通,既诠释了游戏设计理念与方法,又系统讲解了 Java SE 6.0 的核心技术。

　　本书分 3 篇,共 15 章,循序渐进地讲述了 Java SE 6.0 的几乎所有知识点,从环境搭建到程序开发、从基础语法到核心技术、从面向对象思想到 Java 高级特性、从简单命令行到 Eclipse 的具体操作都做了细致的讲解和演示,对所有知识点做了详尽的分析和字字珠玑的总结。

　　初级语法篇主要介绍 Java 编程环境搭建、编程工具使用、常用类库与基本语法等知识。中级游戏篇主要介绍在 Eclipse 平台上开发 Java 游戏所需的原理和技巧,将 Java 中的文本、图形、图像、音频、线程、事件、面向对象编程等知识融入其中,并深入探讨了如何解决闪烁、消除轨迹、提高动画效率、增加互动与音效等相关知识。高级系统篇主要以综合应用案例介绍 GUI 编程、数据库编程、网络编程等知识,并将前两篇所涉及的知识点进行整合与应用,通过知识点的累加,读者不仅掌握了 Java 的理论知识,而且通过实践能够开发出一款自己的游戏或者应用系统。

　　本书在内容编排上引人入胜,主线分明,提纲挈领,按照最适合初学者学习的顺序编排,即使没有接触过 Java 的初学者也可以随之渐入佳境。

　　本书入门门槛低,但技术和工具的起点层次较高,除 Java SE 6.0 外,还介绍了 AWT、Eclipse、MyEclipse、MySQL 等。学最新、最流行的技术,用最新、最好的工具,高调进入 Java 行业。

　　本书案例丰富且趣味性高,每章案例之间前后联系并逐渐完善。通过实例来诠释Java技术的重点和难点，对知识点的完美总结既便于理解又易于记忆，对Eclipse应用的详细讲解使开发更加轻松和易于上手。

每章不仅要求学习者根据知识点实现一个项目，并在思考题里增加了对项目的更高要求供有能力的学习者进阶，项目驱动下的Java学习能够增强读者学有所成的成就感，进一步激发编程兴趣，提升开发数字媒体产品的能力。

本书有配套的学习网站，网址是http://111.204.7.22.8087/。读者不仅可以从网上下载书中各篇章所涉及的项目代码和素材，还可以下载相关的学习课件、学习视频，并可以在线留言和作者互动。

最后感谢在本书写作过程中提供帮助的师长和同事，由于个人的能力和学识有限，书中的不足之处敬请各位读者批评指正。

目 录

初级语法篇

第1章 Java 入门 3

    1.1 Java 的发展简史 3

    1.2 Java 的技术特性 4

    1.3 Java 与其他语言的对比 7

    1.4 Java 相关概念及应用 8

    1.5 Java 应用程序开发 8

    1.6 本章小结 17

第2章 Eclipse 工具的使用 18

    2.1 Eclipse 简介 18

    2.2 Eclipse 的安装 18

    2.3 Eclipse 的工作台 20

    2.4 编写 Java 程序 42

    2.5 本章小结 49

第3章 Java 常用类库与类 50

    3.1 Java 基础类库 50

    3.2 String 类 52

    3.3 数组 54

    3.4 Applet 类 55

    3.5 类库与类的学习方法 58

    3.6 本章小结 58

    思考题 58

第4章 异常处理 59

    4.1 引入 59

    4.2 异常处理 62

4.3	常见的异常类型	72
4.4	自定义异常	74
4.5	本章小结	75
思考题		76

中级游戏篇

第 5 章　文本与绘图 79

- 5.1　设置颜色 79
- 5.2　文本输出 80
- 5.3　绘制图形 82
- 5.4　本章小结 84
- 思考题 85

第 6 章　Java 图像处理 86

- 6.1　Java 支持的图像类型 86
- 6.2　静态图像 86
- 6.3　动态图像 92
- 6.4　本章小结 99
- 思考题 99

第 7 章　线程 100

- 7.1　接口介绍 100
- 7.2　线程介绍 102
- 7.3　线程使用 103
- 7.4　线程动画 104
- 7.5　本章小结 106
- 思考题 106

第 8 章　消除闪烁 107

- 8.1　消除闪烁的第一种方法 107
- 8.2　消除闪烁的第二种方法 111
- 8.3　本章小结 114
- 思考题 114

第 9 章　改善动画播放效率 115

- 9.1　普通方法 115

9.2 一维连续图片 115
9.3 二维连续图片 119
9.4 时钟动画实例 122
9.5 本章小结 132
思考题 132

第10章 互动与音效 133

10.1 鼠标和键盘事件处理机制 133
10.2 鼠标事件处理范例 135
10.3 键盘事件处理范例 152
10.4 Java音效处理 163
10.5 本章小结 169
思考题 169

第11章 游戏动画进阶 170

11.1 角色与动画 170
11.2 碰撞检测 171
11.3 定义父类角色 176
11.4 角色动画与帧动画结合 178
11.5 贴图技巧 185
11.6 综合游戏编程 189
11.7 本章小结 197
思考题 198

高级系统篇

第12章 GUI编程 201

12.1 概述 201
12.2 常用组件和容器编程 204
12.3 布局管理器 207
12.4 事件处理 209
12.5 扫雷游戏 214
12.6 本章小结 223
思考题 223

第13章 桌面办公助手软件设计与实现 224

13.1 关键技术解析 224

13.2 系统功能分析 ………………………………………………………………… 227
13.3 数据库设计与连接 ……………………………………………………………… 228
13.4 各模块功能设计与实现 ………………………………………………………… 229
13.5 程序的打包与发布 ……………………………………………………………… 237
13.6 本章小结 ………………………………………………………………………… 239
思考题 ………………………………………………………………………………… 239

第14章 在线聊天工具设计与实现 ……………………………………………… 240

14.1 关键技术解析 …………………………………………………………………… 240
14.2 系统功能分析 …………………………………………………………………… 241
14.3 数据库设计与连接 ……………………………………………………………… 242
14.4 各模块功能设计与实现 ………………………………………………………… 246
14.5 本章小结 ………………………………………………………………………… 260
思考题 ………………………………………………………………………………… 260

第15章 三维迷宫游戏设计与实现 ……………………………………………… 261

15.1 关键技术解析 …………………………………………………………………… 261
15.2 三维迷宫需求分析 ……………………………………………………………… 261
15.3 三维迷宫各主要实现类 ………………………………………………………… 262
15.4 三维迷宫随机生成算法分析 …………………………………………………… 263
15.5 三维迷宫功能模块实现 ………………………………………………………… 266
15.6 本章小结 ………………………………………………………………………… 278
思考题 ………………………………………………………………………………… 278

初级语法篇

第1章 Java入门

1.1 Java 的发展简史

Java 语言是 Sun 公司于 1990 年开发的,当时 Green 项目小组的研究人员正在致力于为未来的智能设备开发出一种新的编程语言。由于该小组的成员 James Gosling 对 C++语言在执行过程中的表现非常不满,于是把自己封闭在办公室里编写了一种新的语言,并将其命名为 Oak(Oak 即 Java 语言的前身),这个名称起源于 Gosling 办公室的窗外正好有一棵橡树(Oak)。这时的 Oak 已经具备安全性、网络通信、面向对象、多线程等特性,是一门相当优秀的编程语言。后来,在注册 Oak 商标时,发现它已经被另外一家公司注册,因此不得不改名。取什么名字呢,工程师们边喝咖啡边讨论着,看着手上的咖啡,再想到印度尼西亚有一个盛产咖啡的岛屿(中文名叫爪哇),于是将其改名为 Java。Java 语言的出现在程序设计语言的发展历史中占据了重要的篇章,如图 1-1 所示。

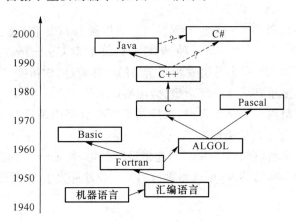

图 1-1 程序设计语言的发展

1990 年,Sun 公司 James Gosling 领导的小组设计了一种平台独立的语言 Oak,主要用于为各种家用电器编写程序。

1995 年 1 月,Oak 被改名为 Java;1995 年 5 月 23 日,Sun 公司在 Sun World'95 上正式发布了 Java 和 HotJava 浏览器。

1996年2月,Sun公司发布Java芯片系列,包括PicoJava、MicroJava和UltraJava,并推出Java数据库连接JDBC(Java Database Connectivity)。

1996年4月,Microsoft公司、SCO公司、苹果电脑公司(Apple)、NEC公司等取得了Java许可证。Sun公司宣布允许苹果电脑、HP、日立、IBM、Microsoft、Novell、SGI、SCO、Tamdem等公司纷纷将Java平台嵌入到其操作系统中。

1996年6月,Sun公司发布JSP 1.0,同时推出JDK 1.3和Java Web Server 2.0。

1996年9月,Addison-Wesley和Sun公司推出Java虚拟机规范和Java类库。

2000年9月,Sun公司发布JSP 1.2和Java Servlet 2.3 API。

2004年9月,J2SE 1.5发布,成为Java语言发展史上的又一个里程碑。为了表示该版本的重要性,J2SE 1.5更名为Java SE 5.0。

2005年6月,JavaOne大会召开,Sun公司公开Java SE 6。此时,Java的各种版本已经更名,取消了其中的数字"2":J2SE更名为Java SE,J2EE更名为Java EE,J2ME更名为Java ME。

2006年12月,Sun公司发布JRE 6.0。

目前JDK 7.0正在研发中,其测试版在 https://jdk7.dev.java.net/ 上可以下载使用。

1.2 Java的技术特性

Java语言具有以下特点。

1. 简单性

Java最初是为对家用电器进行集成控制而设计的一种语言,因此它必须简单明了。Java语言的简单性主要体现在以下几个方面。

(1) Java的风格类似C++,C++程序员初次接触Java语言,就会感到熟悉。从某种意义上讲,Java语言是C++的一个变种,但是Java语言对C++语言进行了简化和提高。

(2) Java摒弃了C++中容易引发程序错误的一些特性,如指针、结构、枚举。

(3) Java取消了多重继承这一复杂概念,用接口取代。

(4) Java提供了对内存的自动管理,程序员无须在程序中进行分配、释放内存,那些可怕的内存分配错误不会再打扰设计者了。

(5) Java避免了赋值语句(如a=3)与逻辑运算语句(如a==3)的混淆。

(6) Java提供了丰富的类库,可以帮助我们很方便地开发Java程序。

2. 面向对象

面向对象是Java的最重要特性。

(1) Java支持继承、重载、多态等面向对象的特性。

(2) Java语言的设计是完全面向对象的,它不支持类似C语言那样的面向过程的程序设计技术。

3. 程序的健壮性(即程序的可靠性)

(1) Java非常重视及早检查错误,Java编译器可以查出许多其他编译器运行时才能发现的错误。

(2) Java 不支持指针,从而避免了对内存直接操作容易造成的数据破坏;Java 自动回收内存。

(3) Java 具有实时异常处理的功能,Java 强制程序员编写异常处理的代码,能够捕获并响应意外情况。

4. Java 是安全的

作为 Internet 程序设计语言,Java 用于网络和分布式环境。

(1) Java 执行多层安全机制用来保护系统不受恶意程序攻击和破坏。

(2) 不允许 Applet 读写计算机的文件系统,防止对文件破坏、传播病毒等。

(3) 不允许 Applet 运行浏览器所在计算机上的任何程序。

(4) 除了存储 Applet 的服务器之外,不允许 Applet 建立用户计算机与任何其他计算机相连。

5. Java 是解释执行的

高级语言按照执行模式,可以划分为编译型和解释型两种。

(1) 编译型语言,如 C 等,生成的字节码经链接后就成为可以直接执行的可执行代码,如图 1-2 所示。

图 1-2 传统语言的运行机制

(2) 解释型语言,如 Java、BASIC 等,其程序不能直接在操作系统级运行,需要有一个专门的解释器来解释执行,如图 1-3 所示。

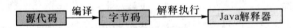

图 1-3 Java 语言的运行机制

编译型的语言直接作用于操作系统,对运行它的软硬件平台有较强的依赖性,在一个平台上可以正常运行的编译语言程序在另一个平台上可能完全不能工作。

解释型的语言简单,执行速度慢,但是在网络应用平台中却有很大的优势:可移植性。

Java 源代码编译生成的字节码不能直接运行在一般的操作系统上,而必须运行在一个称为"Java 虚拟机"的操作系统之外的软件平台上。

Java 程序运行时,首先启动这个虚拟机,然后由它来负责解释执行 Java 的字节码,这样利用 Java 虚拟机可以把 Java 字节码程序跟具体的软硬平台分隔开来。

Java 程序的解释执行过程如图 1-4 所示。

(1) Java 的源程序首先由编译器(Javac.exe)编译成字节码。

(2) 再由解释器(Java.exe)解释执行。

(3) Java 解释器能直接在任何机器上执行 Java 字节码。

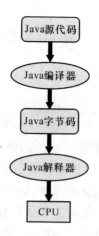

图 1-4 Java 程序的解释执行过程

6. Java 的体系结构中立（Write once,Run Anywhere）

Java 的体系结构中立即 Java 的平台无关性。Java 程序被编译成一种与体系结构无关的字节代码,只要安装了 Java 虚拟机,Java 程序就可以在任意处理器上运行,Java 解释器得到字节码后,对它进行转换使它能够在不同的平台上运行。Java 虚拟机在操作系统级得到统一支持。图 1-5 和图 1-6 分别展示了 C 语言和 Java 语言的编译过程。

图 1-5 Windows 下 C 语言的编译过程

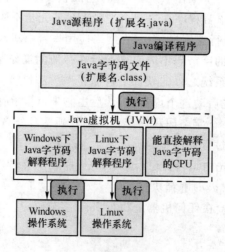

图 1-6 Java 语言的编译过程

7. Java 的多线程

(1) Java 语言本身提供了一个 Thread 类和一组内置的方法,它负责生成线程、执行线程或者查看线程的执行状态。

(2) 程序员要设计多线程程序时,只要继承上述的那个类和调用相应的方法就可以了,从而也提高了程序执行的效率。

8. Java 的动态性

(1) Java 语言的动态性是其面向对象设计方法的扩展。它允许程序动态地装入运行过程中所需要的类,即可以在本地或网上动态地加载类,或者说在程序的执行过程中可以随意地增加新方法、实例变量等。

(2) Java 还简化了使用一个升级的或全新协议的方法。如果系统运行 Java 程序时遇到了不知怎样处理的程序,Java 能自动下载所需要的功能程序。

1.3 Java 与其他语言的对比

1.3.1 Java 与 C# 的对比

Java 是由 Sun 公司创造和发展的一门完全面向对象的程序设计语言,具有跨平台、对网络编程的支持等优点。1995 年正式发布。

C# 是微软公司开发的一种面向对象的现代程序设计语言。2000 年随微软.Net 框架一起发布,是专为.Net 设计开发的语言。

Java 和 C# 二者很相似,都是 C++ 的净化版本,都是采用了"效率换安全"的思想,应用领域几乎完全重叠,都是将来很有前途的编程语言,所以也互为竞争对手。

Java 与 C# 在主要应用领域上的相同点如下。

(1) 中间件:用于处理客户机和服务器资源之间的通信,通俗点说即动态网站开发。

(2) 嵌入式系统:手持设备、车载计算机、智能家电等。

Java 与 C# 在主要应用领域上的不同点如下。

(1) Java 可以跨平台应用:一次开发,随处运行。在开发常规 PC 程序领域不占优势。

(2) C# 只能用于 Windows 平台,也可以开发常规 PC 程序。

1.3.2 Java 与 C++ 的对比

对于变量声明、参数传递、操作符、流控制等使用和 C++ 相同的传统,但是摒弃了 C 和 C++ 中许多不合理的内容。

(1) 全局变量:Java 中没有全局变量。

(2) Goto 语句:Java 中有受限 Goto 语句 break。

(3) 指针:Java 不支持指针,但对象变量实际上都是指针。

(4) 数据类型的支持:Java 在不同平台上数据类型都统一。

(5) 类型转换:Java 有类型相容性检查。

(6) 结构和联合：Java 只支持类。
(7) 多重继承：Java 用接口实现类似多重继承的功能。
(8) 内存管理：Java 自动回收无用内存。
(9) 头文件：Java 支持包引入 import。
(10) 宏定义和预处理：Java 不支持宏定义。

1.4 Java 相关概念及应用

1.4.1 Java 相关概念

Java：一种程序设计语言。
Java Script：一种能嵌在网页中运行的脚本语言，除语法与 Java 接近外没有其他关系。
Java Applet：Java 小程序，用 Java 语言编写的一种运行在支持 Java 的浏览器中的特殊程序。
Servlet：运行在 Web 服务器端，能提供动态内容服务的 Java 小程序。
JSP(Java Server Page)：嵌有 Java 代码的网页，由服务器端解释执行。
Java SE：Java Standard Edition，Java 标准版。
Java EE：Java Enterprise Edition，Java 企业版。
Java ME：Java Micro Editon，Java 微小版。

1.4.2 Java 的应用

电子商务解决方案：Java+XML。
分布式计算：Jini。
消费电子：Personal Java，Embeded Java。
交互式电视：Java TV。
实时 Java：Real Time Java。
Peer 2 Peer：JXTA。

1.5 Java 应用程序开发

1.5.1 环境搭建

所谓"工欲善其事，必先利其器"，在学习一门语言之前，首先需要把整个开发环境搭建好，要编译和执行 Java 程序，JDK 是必备的，JDK 即 Java Develop Kit，是 Java 的发明者 Sun 公司免费发行的 Java 开发工具；JDK 软件包中的 Java 编译器程序 Javac.exe 能够检查源代码文件中的语法错误，并生成相应的字节码文件。

(1) JDK 6.0 的安装过程

单击 JDK 6.0 的安装文件，进入安装向导，如图 1-7 所示。

图 1-7 JDK 安装界面

在安装向导中单击"下一步"按钮，进入许可证协议选择界面，如图 1-8 所示。

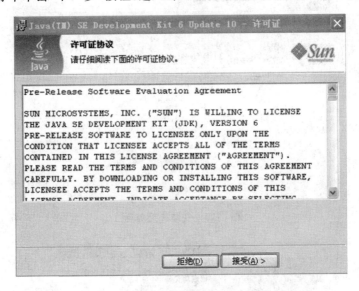

图 1-8 JDK 的许可证协议

接受许可证协议后，进入自定义安装界面，暂时不安装 Java DB，如图 1-9 所示。

设置完自定义安装后单击"下一步"按钮，进入安装界面，如图 1-10 所示。

安装完所选择的程序功能后，进入完成界面，如图 1-11 所示。

(2) 设置 Path 路径

在"我的电脑"图标上单击鼠标右键，选择"属性"菜单项。在打开的"系统属性"对话框中选择"高级"选项卡，如图 1-12 所示。

单击"环境变量"按钮，打开"环境变量"对话框。在这里可以添加针对单个用户的"用户变量"和针对所有用户的"系统变量"，如图 1-13 所示。

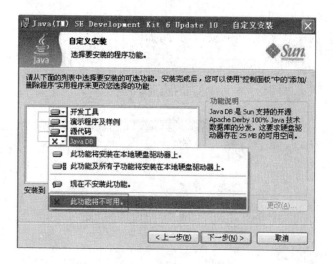

图 1-9　选择安装组件

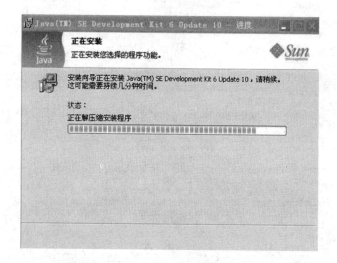

图 1-10　安装进度界面

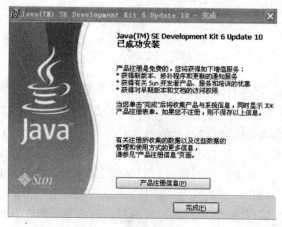

图 1-11　安装完成界面

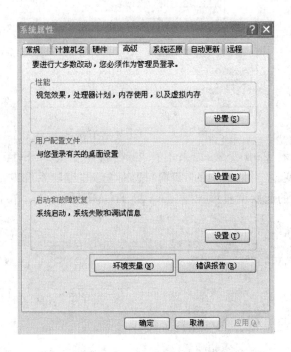

图 1-12 "系统属性"对话框

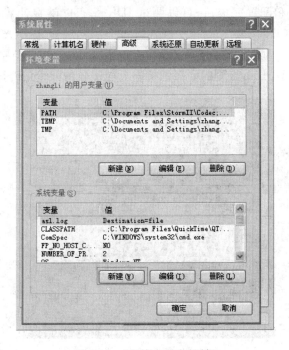

图 1-13 "环境变量"对话框

单击"系统变量"区域中的"新建"按钮,弹出"新建系统变量"对话框,如图 1-14 所示。在"变量名"文本框中输入"JAVA _HOME",在"变量值"文本框中输入 JDK 的安装路径"C:\Program Files\Java\jdk1.6.0_10",单击"确定"按钮,完成环境变量"JAVA _HOME"的配置。

图 1-14 设置 JDK 路径

在系统变量中查看 Path 变量,如果不存在,则新建变量 Path,否则选中该变量,单击图 1-13 所示的"环境变量"对话框中的"编辑"按钮,打开"编辑系统变量"对话框,在该对话框的"变量值"文本框的起始位置添加"%JAVA_HOME%\bin;",单击"确定"按钮完成环境变量的配置,如图 1-15 所示。

图 1-15 添加"Path"变量值

JDK 程序的安装和配置完成后,可以测试 JDK 是否能够在计算机上运行。选择"开始"/"运行"命令,在打开的"运行"窗口中输入"cmd"命令,将进入 DOS 环境中,在命令提示符后面直接输入"javac",按下"Enter"键,系统会输出 javac 的帮助信息,如图 1-16 所示,此时说明已经成功配置了 JDK,否则需要仔细检查上面步骤的配置是否正确。

图 1-16 测试 JDK 安装及配置是否成功

(3)查看安装的 JDK 版本

选择"开始"/"运行"命令,在打开的"运行"窗口中输入"cmd"命令,将进入 DOS 环境中,在命令提示符后面直接输入"java-version",按下"Enter"键,系统会输出 Java 版本信息,此时说明已经成功配置了 JDK,否则需要仔细检查上面步骤的配置是否正确,如图 1-17

所示。

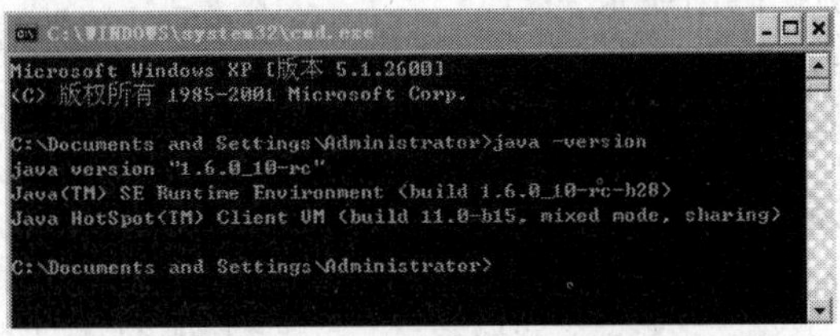

图 1-17　查看 JDK 安装版本

1.5.2　Java 程序的开发过程

在开发 Java 程序之前，首先需要对 Java 程序的开发过程有所了解。开发 Java 程序总体上可以分为以下 3 个步骤。

（1）编写 Java 源文件。Java 源文件是一种文本文件，其扩展名为 .java，例如编写一个名称为 HelloWorld.java 的 Java 源文件。

我们可以用各种 Java 集成开发环境中的源代码编辑器来编写，比如 Eclipse，也可以用其他文本编辑工具，比如记事本。

（2）编译 Java 源文件，即将 Java 源文件编译（Compile）成 Java 类文件（扩展名为 .java）。例如使用"javac.exe"命令将 HelloWorld.java 文件编译成 HelloWorld.class 类文件。

（3）运行 Java 程序。Java 程序可以分为 Java Application（Java 应用程序）和 Java Applet（Java 小应用程序）。

Java Application 以 main() 方法作为程序入口，是完整的程序，需要独立的解释器来解释执行其字节码文件。

而 Java Applet 通过浏览器或是 Applet Viewer 命令加载执行，Applet 是 Java 最早获得成功的应用，是需要嵌在 HTML 编写的 Web 页面中的非独立程序，由 Web 浏览器内部包含的 Java 解释器来解释运行。

1.5.3　第一个 Java Application 程序

1. 编写 Java Application 程序源文件

```
public class HelloWorld
{
    public static void main(String args[])
    {
        System.out.println("Hello! Java World ");
    }
}
```

注意事项：

（1）文件保存的名字要和类名一致，即类名为 HelloWorld，那么文件应保存为 HelloWorld.java。

（2）main 方法是一个特殊的方法，它是所有的 Java Application 程序执行的入口点，任何一个 Application 程序必须有且只能有一个 main 方法，而且这个 main 方法的头必须按照固定格式写，如以上示例代码中所示。

（3）System 是一个系统对象，out 是 System 对象中的一个域，也是一个对象，println 是 out 对象的一个方法，作用是输出字符串，并回车换行。

2. 用 DOS 命令编译与执行 Application 程序

（1）进入文件所在的盘符与文件夹，"盘符："命令进入某个盘，"cd 文件夹名"进入某个文件夹，如图 1-18 所示。

图 1-18　进入 D 盘的 java 文件夹

（2）用"javac 类名.java"命令编译，生成类名.class 文件，如图 1-19 所示。

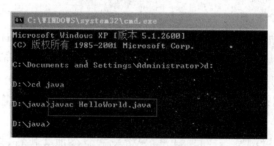

图 1-19　编译该文件夹中的 HelloWorld.java 文件

（3）用"java 类名"命令执行该 class 文件，输出结果，如图 1-20 所示。

图 1-20　执行程序并输出结果

1.5.4 第一个 Java Applet 程序

1. 编写 Java Applet 程序源文件

首先是 Java 类文件：

```
import java.applet.Applet;
import java.awt.Graphics;
public class firstApplet extends Applet
{
    public void paint(Graphics g)
    {
        g.drawString("Hello! Java World ",10,20);
    }
}
```

还要比 Application 多编写一个网页文件：

```
<html>
  <head>
    <title>我的第一个 Applet 程序</title>
  </head>
  <body>
    <applet code = "firstApplet.class" width = 200 height = 100></applet>
  </body>
</html>
```

注意事项：

（1）Applet 程序除了需要编写 Java 类外，还需要编写一个 html 文件，因为 Applet 程序执行时必须将其字节码嵌入到 html 文件中。

Applet 的文件名必须与定义的类名一致，而 html 的名字不一定与类名一致。可以定义成 firstApplet.html，也可以使其他任何名字。

（2）import 语句加载已定义好的类或包在本程序中使用，类似于 C 程序中用 #include 语句加载库函数。本程序引用了两个系统类 Applet 和 Graphics。

（3）Java Application 和 Java Applet 程序都可以是若干个类定义组成的，而且这些类定义也都是由 Class 关键字标志的。

（4）Applet 程序没有 main 方法，它的要求是程序中有且必须有一个类是系统类 Applet 的子类，也就是必须有一个类的类头部分以 extends Applet 结尾。

（5）paint 方法里有一个参数成员 Graphics g，g 是系统类 Graphics 的一个对象，调用 g 的相关方法可以显示字符串，比如 g.drawString()。

2. 用 DOS 命令编译与执行 Applet 程序

（1）进入文件所在的盘符与文件夹，"盘符:"命令进入某个盘，"cd 文件夹名"进入某个文件夹。

（2）用"javac 类名.java"命令编译，生成类名.class 文件。

以上两个步骤的操作过程如图 1-21 所示。

图 1-21　编译 D 盘 java 文件夹中的 firstApplet.java 文件

（3）直接打开 html 网页，便可查看结果，如图 1-22 所示。

图 1-22　在网页里输出执行结果

另外，JDK 软件包提供了一个模拟 WWW 浏览器运行 Applet 应用程序的 Applet Viewer.exe，使用它也能查看结果：AppletViewer 文件.html，如图 1-23 所示。

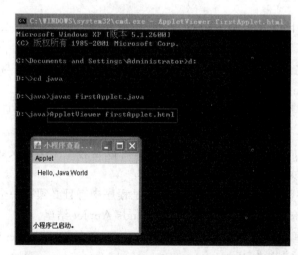

图 1-23　利用 Applet Viewer 命令查看执行结果

1.6 本章小结

本章首先对 Java 语言的基本知识进行了简要概括,使读者对 Java 语言有一个初步的认识,然后详细介绍了搭建 Java 开发环境的方法,最后通过简单的 Java Application 和 Java Applet 程序使读者掌握开发 Java 程序的过程。通过本章的学习,读者只要对 Java 语言有一个概念上的认识并且掌握好搭建 Java 开发环境的方法即可,至于 Java 源文件的编写可以通过后面章节的学习逐渐掌握。

第2章 Eclipse工具的使用

2.1 Eclipse 简介

要使用 Eclipse 开发 Java 程序,首先需要安装 JDK,这样在编译 Java 程序的时候才能找到相应的编译器,JDK 的安装步骤我们在第 1 章中已经演示过,这里就不再重复。本书中所有程序的开发环境都是 JDK 1.6 版本,Eclipse 3.2 版本,其中 Eclipse 3.2 至少需要 JDK 1.5 以上版本才能支持使用。

Eclipse 是一个主要针对 Java 程序开发所设计的整合开发环境(Integrated Development Enviroment,IDE);最早是由 Object Technologies International 开发的,该公司于 1996 年被 IBM 并购之后,将 Eclipse 变成开源软件(Open Source Software);后来 IBM 把这个项目免费赠送给 Eclipse 社团,Eclipse 社团的创始人包括当时的 Borland、Rational、Red Hat 和 Oracle 等公司。

Eclipse 最大的特点就是采用了插件的结构,通过下载、安装不同的插件,就可以实现不同类型的程序的开发。例如:通过安装插件,不仅可以实现 Java 程序的开发,还可以实现 C++、C#等程序的开发。Eclipse 的插件结构如图 2-1 所示。

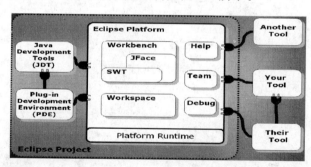

图 2-1 Eclipse 的插件结构

2.2 Eclipse 的安装

(1) 下载 Eclipse 安装文件.zip。

下载地址为官方网站:http://www.eclipse.org/。

（2）安装 Eclipse。解压缩所下载的 Eclipse 安装文件,大部分为绿色版,可以直接单击进入工作台。如果已经安装了 JDK,即使没有设置 Path 等环境变量,Eclipse 也可以自动搜索到路径,直接编程使用。

（3）启动 Eclipse。Eclipse 的启动界面如图 2-2 所示。

图 2-2　Eclipse 的启动界面

Eclipse 第一次启动的时候系统会弹出"工作空间启动程序"对话框,需要设置工作空间,即用户编程程序所存放的路径。在"工作空间"下拉列表框中选择相应的路径,这里设置为".\workspace",这样会在 Eclipse 自己的文件夹下创建指定的文件夹作为工作空间。当然也可以根据不同情况,设置工作空间,如图 2-3 所示。

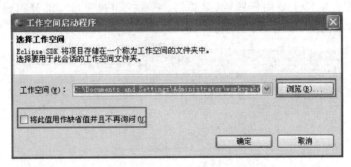

图 2-3　设置 Eclipse 的工作空间

在每次启动 Eclipse 时都会弹出设置工作空间的对话框,如果不需要每次启动都出现该对话框,可以选中"将此值用作缺省值并且不再询问"复选框。

单击"确定"按钮即可启动 Eclipse,进入欢迎界面,如图 2-4 所示。

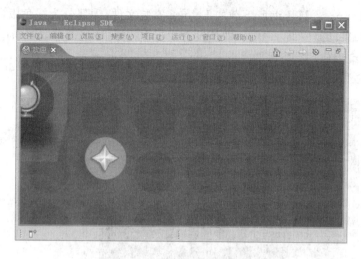

图 2-4　Eclipse 的欢迎界面

2.3　Eclipse 的工作台

关闭 Eclipse 欢迎界面,进入 Eclipse 工作台窗口。Eclipse 工作台是一个桌面开发环境,可以通过创建、管理和导航工作空间资源提供公共范例来获得无缝工具集成。每个工作台窗口可以包括一个或多个透视图,透视图可以控制出现在某些菜单栏和工具栏中的内容。

2.3.1　Eclipse 工作台概述

Eclipse 工作台窗口主要由标题栏、菜单栏、工具栏和透视图 4 部分组成,其中在透视图中还包括编辑器和视图,如图 2-5 所示。

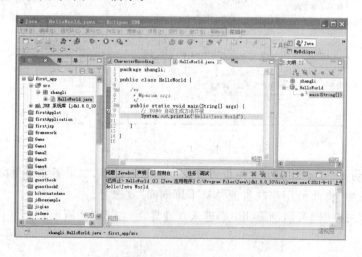

图 2-5　Eclipse 工作台

在图 2-5 所示的工作台窗口中,标题栏中显示的"Java"透视图为当前活动的透视图。在 Java 透视图中"包资源管理器"视图、"大纲"视图、"控制台"视图以及编辑器是活动的。

2.3.2 透视图

透视图用于定义"工作台"窗口中视图的初始设置和布局,目的在于完成特定类型的任务或使用特定类型的资源。在 Eclipse 的 Java 开发环境中提供了几种常用的透视图,例如 Java 透视图、资源透视图、调试透视图和小组同步透视图等。用户可以在不同的透视图之间进行切换,但是同一时刻只有一个透视图是活动的,该活动的透视图可以控制哪些视图显示在工作台的界面上,并控制这些视图的大小和位置,在透视图中的设置更改不会影响编辑器的设置。

1. 打开透视图

打开透视图有两种方法,一种方法是通过单击透视图工具栏中的打开透视图按钮"",在弹出的下拉菜单中选择要打开的透视图即可,如图 2-6 所示。

图 2-6 通过快捷菜单打开透视图

另一种方法是通过在菜单栏中选择"窗口"/"打开透视图"/"其他"命令,如图 2-7 所示。

图 2-7 通过菜单栏打开透视图

在弹出的"打开透视图"对话框中选择用户所要打开的透视图,单击"确定"按钮,即可将其打开,如图 2-8 所示。

2. 设置默认的透视图

Java 为默认透视图,如果希望将默认的透视图更改为其他透视图,操作步骤如下。

(1)选择"窗口"/"首选项"命令。

(2)在弹出的"首选项"窗口中,展开"常规"节点,选择"透视图"节点,在右侧的窗口中即可出现有关透视图的相关设置信息,如图 2-9 所示。

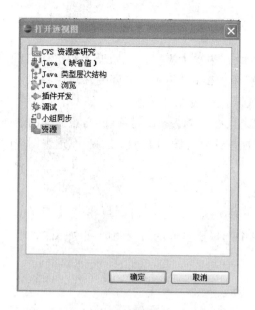

图 2-8 "打开透视图"对话框

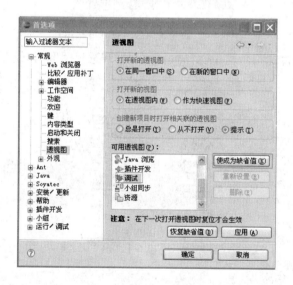

图 2-9 设置默认的透视图

（3）在"可用透视图"列表框中选择要设置为默认透视图的透视图,这里选择"调试",然后单击"使成为缺省值"按钮,此时"(缺省值)"的指示符移动到"调试"后面。

（4）单击"确定"按钮,完成设置。

2.3.3 视图

视图支持编辑器并提供浏览"工作台"窗口中的信息的备用显示和方法。

视图可能会单独出现,也可能与其他视图一起叠放在选项卡中。在"工作台"窗口中,可以通过打开和关闭视图及通过将其停放在不同的位置来更改透视图的布局。

视图具有自己的菜单,某些视图还具有自己的工具栏。视图工具栏上的按钮操作仅对该视图中的各项起作用。

1. 打开视图

要打开未包含在当前透视图中的视图,可以在"窗口"/"显示视图"级联菜单下,选择需要打开的视图,例如"大纲"或"控制台"等,如图 2-10 所示。

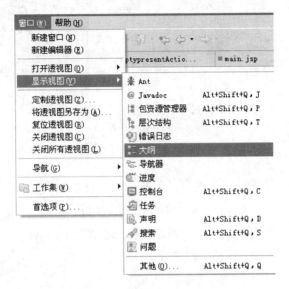

图 2-10　显示"导航器"视图

2. 移动和停放视图

如果需要改变当前透视图中视图的位置,可以通过移动和停放视图来实现。实现的步骤如下。

(1)将鼠标指针移动到视图的标题栏上,按住鼠标左键拖曳。

(2)当拖曳视图在工作台中移动时,鼠标指针形状会因移动位置的不同而有所改变,同时提示用户当释放鼠标左键时视图将停放的位置。关于鼠标指针不同形状的说明如表 2-1 所示。

表 2-1　鼠标指针不同形状的说明

鼠标指针形状	要将视图移至的位置
向上的实体箭头	停放在上方。视图将停放在光标下面的视图的上方
向下的实体箭头	停放在下方。视图将停放在光标下面的视图的下方
向右的实体箭头	停放在右侧。视图将停放在光标下面的视图的右侧
向左的实体箭头	停放在左侧。视图将停放在光标下面的视图的左侧
层叠文件图标	叠放。视图将作为"选项卡"与光标下面的视图停放在同一窗格中
禁止图标	受限。不能将视图停放在此区域中

3. 视图的拆离与还原

(1)拆离视图

拆离视图有两种方法,一种方法是通过鼠标拖曳来实现。在 Eclipse 的工作台中,将鼠标指针移动到要拆离视图的标题栏上,按住鼠标左键将其拖曳出 Eclipse 的工作台。拆离后视图在工作台的前面显示,如图 2-11 所示。

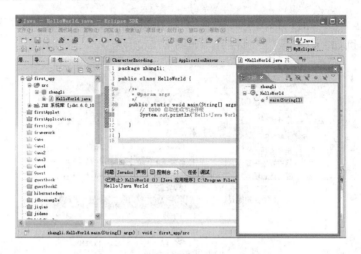

图 2-11　拆离的视图显示在 Eclipse 前面

另一种方法是用鼠标右键单击要拆离视图的标题栏,在弹出的快捷菜单中,选择"已拆离"命令,即可将该视图拆离,如图 2-12 所示。

(2) 还原视图

如果想将拆离的视图还原到原来的位置,可以在要还原的视图的标题栏上单击鼠标右键,在弹出的快捷菜单中选择"已拆离"命令(此时"已拆离"命令前面有一个√号),即可将该视图还原,如图 2-13 所示。

图 2-12　利用视图的快捷菜单拆离视图

图 2-13　还原已拆离的视图

4. 重要视图介绍

导航器(Navigator)视图允许我们创建、选择和删除项目。导航器视图如图 2-14 所示。

包资源管理器(Package Explorer)用来管理各种 Java 类库、类和其他文件层次结构。包资源管理器视图如图 2-15 所示。

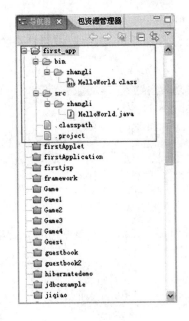
图 2-14　导航器视图

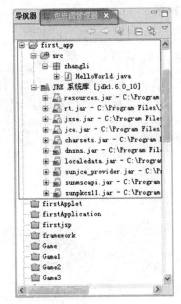
图 2-15　包资源管理器视图

大纲（Outline）显示正在编辑的文档大纲，大纲的显示内容取决于编辑器和文档类型。对于 Java 源文件，该大纲将显示所有已声明的类、属性和方法。大纲视图如图 2-16 所示。

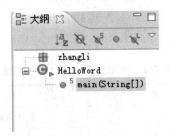

图 2-16　大纲视图

控制台（Console）是 Java 应用程序输出结果的终端窗口。控制台视图如图 2-17 所示。

图 2-17　控制台视图

2.3.4　编辑器

编辑器是工作台上的一个主要的可视实体，在任何给定的透视图中，都会包含一个编辑区域，该区域可以包含多个编辑器和一个或多个周边的视图。

当编辑器处于活动状态时，快捷菜单和工具栏等操作都是基于该编辑器的。

1. 打开编辑器

打开编辑器,通过在"导航器"视图或"包资源管理器"视图中双击要打开的文件,即可在编辑器中打开该文件,如图 2-18 所示。

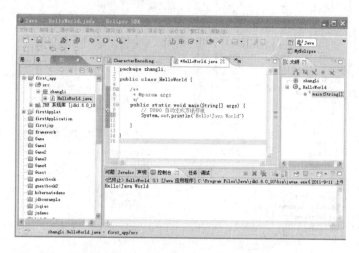

图 2-18　打开的编辑器

2. 编辑器的切换

当在编辑器区域中有多个编辑器被打开时,要在不同的编辑器之间进行切换,有 3 种方法:第一种方法是通过单击要使用的编辑器的标题栏来实现对编辑器的切换;第二种方法是通过单击工具栏中的　　按钮来实现编辑器切换;第三种方法是通过快捷键进行切换。常用的切换编辑器的快捷键如表 2-2 所示。

表 2-2　常用切换编辑器的快捷键

快捷键	功能
F12	激活编辑器
Ctrl+F6	下一个编辑器
Ctrl+Shift+F6	上一个编辑器
Ctrl+Shift+E	切换至编辑器
Ctrl+E	快速切换

2.3.5　菜单栏和工具栏

1. Eclipse 的菜单栏

Eclipse 的菜单栏中包含了实现 Eclipse 各项功能的命令。在菜单栏中除了常用的"文件"、"编辑"等菜单项以外,还提供了一些菜单项,例如"源代码"、"重构"等。下面详细介绍各个主菜单的功能。

"文件"菜单:这个菜单允许用户创建、保存、关闭、打印、导入和导出"工作台"资源,以及退出工作台。详细的菜单功能说明如表 2-3 所示。

表 2-3 "文件"菜单功能说明

菜单命令	快捷键	功能
新建	Ctrl+Shift+N	创建 Java 元素或新资源
打开文件		打开一个已经存在的文件
关闭	Ctrl+W	关闭当前编辑器
全部关闭	Ctrl+Shift+W	关闭所有编辑器
保存	Ctrl+S	保存当前编辑器的内容
另存为		用新名称来保存当前编辑器的内容
全部保存	Ctrl+Shift+S	保存工程中当前文件
还原		使当前编辑器的内容还原为已保存文件的内容
移动		移动资源。对"Java 元素"禁用此项
重命名		重命名资源。对"Java 元素"禁用此项
刷新	F5	用本地文件系统来刷新所选元素的内容
将行定界符转换为		改变活动部件中所选文件的行定界符
打印	Ctrl+P	打印当前编辑器的内容。当编辑器具有焦点时,启用此项
切换工作空间		切换至其他工作空间。将重新启动工作台
导入		打开导入向导对话框。JDT 不添加任何导入向导
导出		打开导出向导对话框。JDT 添加 JAR 文件导出向导和 Javadoc 生成向导
属性	Alt+Enter	打开所选元素的属性页面
退出		退出 Eclipse

"编辑"菜单:这个菜单可协助操作编辑器区域中的资源。具体的菜单功能说明如表 2-4 所示。

表 2-4 "编辑"菜单功能说明

菜单命令	快捷键	功能
撤销	Ctrl+Z	撤销最近一个编辑操作
重做	Ctrl+Y	重做最近撤销的操作
剪切	Ctrl+X	除去选择的内容并将其放置在剪贴板上
复制	Ctrl+C	将选择的副本放置在剪贴板上
复制限定名		将当前选择元素的标准名称复制到剪贴板
粘贴	Ctrl+V	此命令将剪贴板上的文本或对象放置在当前活动的视图或编辑器中当前光标位置处
删除	Delete	删除当前选择
全部选中	Ctrl+A	选择当前活动视图或编辑器中的所有文本或对象
将选择范围扩展到		将选择的范围扩大到外层元素、下一个元素、上一个元素或恢复上一次选择的元素

续 表

菜单命令	快捷键	功能
查找/替换	Ctrl+F	搜索活动编辑器中的表达式,并根据需要将该表达式替换为新的表达式
查找下一个	Ctrl+K	搜索当前所选项下一次出现的地方,或者搜索使用"查找/替换"操作找到的最近的表达式的下一次出现
查找上一个	Ctrl+Shift+K	搜索当前所选项上一次出现的地方,或者搜索使用"查找/替换"操作找到的最近的表达式的上一次出现
增量式查找下一个	Ctrl+J	搜索活动编辑器中的表达式。当输入搜索表达式时,会自动跳到活动编辑器中的下一个精确匹配。当处于此方式时,可以使用向上和向下光标键来浏览那些匹配,并且可以通过按左或右光标键、"Enter"键或"Esc"键来取消搜索
增量式查找上一个	Ctrl+Shift+J	搜索活动编辑器中的表达式。当输入搜索表达式时,会增量跳至活动编辑器中的上一个精确匹配。当处于此方式时,可以使用向上和向下光标键来浏览那些匹配,并且可以通过按左或右光标键、"Enter"键或"Esc"键来取消搜索
添加书签		将书签添加到活动文件中当前显示光标的行上
添加任务		将任务添加到活动文件中当前光标所在的行上
灵活插入方式	Ctrl+Shift+Insert	切换插入方式。当禁用灵活插入方式时,将禁用输入辅助,例如,自动缩进、添加右方括号等
显示工具提示文本描述	F2	显示将出现在当前光标位置的悬浮提示的值。显示的对话框可滚动,且不会缩短描述
内容辅助		在当前光标位置打开内容辅助对话框。缺省情况下,内容辅助支持五种不同类别的建议
文字补全	Ctrl+Alt+/	补全活动编辑器中当前正在输入的文字
快速修正	Ctrl+1	如果光标位于问题指示附近,则打开一个带有可能的解决方案的对话框
设置编码		打开一个对话框,该对话框允许更改在活动编辑器中用来读写文件的文件编码

"源代码"菜单:这个菜单中的命令都是和代码相关的一些命令。其详细的功能说明如表2-5所示。

表2-5 "源代码"菜单功能说明

菜单命令	快捷键	功能
代换注释	Ctrl+/	注释或取消注释包含当前选择的所有行
添加块注释	Ctrl+Shift+/	在包含当前选择的所有行周围添加块注释
除去块注释	Ctrl+Shift+\	从包含当前选择的所有行中除去块注释
生成元素注释	Alt+Shift+J	对选择的元素添加注释。适用于类型、字段、构造函数和方法

续表

菜单命令	快捷键	功能
右移		增加当前选择行的缩进的级别。仅当选择包含多行或整个单行时才激活此项
左移		减少当前选择行的缩进的级别。仅当选择包含多行或整个单行时才激活此项
更正缩进	Ctrl+I	更正当前选择的文本所指示行的缩进
格式化	Ctrl+Shift+F	使用代码格式化程序来格式化当前文本选择
格式化元素		使用代码格式化程序来格式化组成当前文本选择的 Java 元素
添加导入	Ctrl+Shift+M	为当前所选择的类型引用创建导入声明
组织导入	Ctrl+Shift+O	在当前打开或所选择的编译单元中组织导入声明
对成员排序		根据在("窗口"/"首选项"/"Java"/"外观"/"成员排序顺序")中指定的排序顺序对类型的成员进行排序
清理		显示一个对话框,允许执行各种更改以清除代码
覆盖/实现方法		打开允许覆盖或实现当前类型中的方法的"覆盖方法"对话框
生成 Getter 和 Setter		打开生成 Getter()方法和 Setter()方法对话框
生成代理方法		打开允许为当前类型中的字段创建方法代理的"生成代理方法"对话框。对字段和字段类型可用
生成 hashCode 和 equals()		打开"生成 hashCode 和 equals"对话框,该对话框允许在当前类型中创建并控制 hashCode()和 equals()方法的生成
使用字段生成构造函数		添加构造函数,这些构造函数初始化当前选择的类型的字段。可用于类型、字段或类型中的文本选择
从超类中生成构造函数		对于当前所选择的类型,按照超类中的定义来添加构造函数
包围方法	Alt+Shift+Z	使用代码模板包围所选语句
外部化字符串		打开"将字符串外部化"向导。此向导允许通过使用语句访问属性文件来替换代码中的所有字符串
查找错误的外部化字符串		一个新操作可以搜索错误的外部字符串

"重构"菜单:这个菜单向用户提供了有关项目重构的相关命令,重构指令也可以在一些视图的快速菜单与 Java 编辑器中找到。其详细的功能说明如表 2-6 所示。

表 2-6 "重构"菜单功能说明

菜单命令	快捷键	功能
重命名	Alt+Shift+R	重命名所选择的元素
移动	Alt+Shift+V	移动所选择的元素
更改方法特征符	Alt+Shift+C	更改参数名称、参数类型和参数顺序,并更新对相应方法的所有引用
抽取方法	Alt+Shift+M	创建一个包含当前所选择的语句或表达式的新方法,并将选择替换为对新方法的引用

续表

菜单命令	快捷键	功能
抽取局部变量	Alt+Shift+L	创建为当前所选择的表达式指定的新变量,并将选择替换为对新变量的引用
抽取常量		从所选表达式创建静态终态字段并替换字段引用,并且可以选择重写同一表达式的其他出现位置
内联	Alt+Shift+I	直接插入局部变量、方法或常量
将匿名类型转换为嵌套类		将匿名内部类转换为成员类
将成员类型转换为顶级		为所选成员类型创建新的 Java 编译单元,并根据需要更新所有引用
将局部变量转换为字段		将局部变量转换为字段。如果该变量是在创建时初始化的,则此操作将把初始化移至新字段的声明或类的构造函数
抽取超类		从一组同代类型中抽取公共超类
抽取接口		使用一组方法创建新接口并使选择的类实现该接口
尽可能使用超类型		将某个类型的出现替换为它的其中一个超类型,在执行此替换之前,需要标识所有可能进行此替换的位置
下推		将一组方法和字段从一个类移至它的子类
上拉		将字段或方法移至其声明类的超类或者(对于方法)将方法声明为超类中的抽象类
引入间接		创建委托给所选方法的静态间接方法
引入工厂		创建一个新的工厂方法,该方法将调用选择的构造函数并返回创建的对象。对该构造函数的所有引用都将被替换为对新工厂方法的调用
引入参数		将表达式替换为对新方法参数的引用,并将该方法的所有调用者更新为传递该表达式作为该参数的值
包括字段		将对字段的所有引用替换为 getXXX()和 setXXX()方法
通用化已声明的类型		允许用户选择引用当前类型的超类型。如果可以将该引用安全地更改为新类型,则执行此更改
推断通用类型参数		在标识所有可以将通用类型的原始类型出现替换为已参数化的类型的位置之后,执行该替换
迁移 JAR 文件		将工作空间中项目构建路径的 JAR 文件迁移到较新的版本,这可能会使用存储在新 JAR 文件中的重构信息来避免中断更改
创建脚本		创建已在工作空间中应用的重构的脚本。可以将重构脚本保存到文件或复制到剪贴板
应用脚本		在工作空间中将重构脚本应用于项目。可以从文件或剪贴板装入重构脚本
历史记录		浏览工作空间重构历史记录,并提供用于从重构历史记录中删除重构的选项

"浏览"菜单：这个菜单允许操作用户定位和浏览显示在"工作台"中的资源。其详细的功能说明如表 2-7 所示。

表 2-7 "浏览"菜单功能说明

菜单命令	快捷键	功能
进入		将视图输入设置为当前所选择的元素
转至		后退：将视图输入设置为历史记录中的上一个输入 前进：将视图输入设置为历史记录中的下一个输入 向上一级：将当前视图的输入设置为其输入的父元素 类型：浏览类型并在当前视图中显示它 包：浏览包并在当前视图中显示它 资源：浏览资源并在当前视图中显示它
打开声明	F3	解析在当前代码选择中引用的元素并打开声明该引用的文件
打开类型层次结构	F4	解析在当前选择的代码中引用的元素，并在类型层次结构视图中打开该元素
打开调用层次结构	Ctrl+Alt+H	解析在当前选择的代码中引用的方法
打开超实现		对当前所选方法或包围当前光标位置的方法的超实现打开编辑器
打开外部的 Javadoc	Shift+F2	打开当前选择的元素或文本选择的 Javadoc 文档
打开类型	Ctrl+Shift+T	显示"打开类型"对话框来在编辑器中打开类型
在层次结构中打开类型	Ctrl+Shift+H	显示"打开类型"对话框来在编辑器和类型层次结构视图中打开类型
打开资源	Ctrl+Shift+R	打开"打开资源"对话框以打开工作空间中的任何资源
显示位置	Ctrl+Shift+W	选择此命令以在下列位置显示当前选择的编译单元：包资源管理器、轮廓、导航器
快速大纲	Ctrl+O	打开当前所选类型的轻量级大纲图
快速类型层次结构	Ctrl+T	打开当前选择的类型的轻量级层次结构查看器
下一个注释	Ctrl+.	选择下一个注释。在 Java 编辑器中支持
上一个注释	Ctrl+,	选择上一个注释。在 Java 编辑器中支持
上一个编辑位置	Ctrl+Q	显示上一个编辑操作的发生位置
转至行	Ctrl+L	打开一个对话框，输入编辑器应该跳至的行号。仅适用于编辑器
后退	Alt+左箭头	显示位置历史记录中的上一个编辑器位置
前进	Alt+右箭头	显示位置历史记录中的下一个编辑器位置

"搜索"菜单：这个菜单中列出了和搜索相关的命令操作。其详细功能说明如表 2-8 所示。

表 2-8 "搜索"菜单功能说明

菜单命令	快捷键	功能
搜索	Ctrl+H	打开"搜索"对话框
文件		打开"文件搜索"页面上的"搜索"对话框
Java		打开"Java 搜索"页面上的"搜索"对话框
文本		在"工作空间"、"项目"、"文件"、"工组集"中进行查找
引用		查找对所选 Java 元素的所有引用
声明		查找所选 Java 元素的所有声明
实现器		查找所选接口的所有实现器
读访问		查找对所选字段的所有读访问权
写访问		查找对所选字段的所有写访问权
文件中的出现位置	Ctrl+Shift+U	查找所选 Java 元素在其文件中的所有出现
引用测试		此命令转移至引用了此 Java 元素的测试

"项目"菜单:这个菜单允许操作用户对"工作台"中的项目执行操作(构建或编译)。其详细的功能说明如表 2-9 所示。

表 2-9 "项目"菜单功能说明

菜单命令	快捷键	功能
打开项目		显示可以用来选择已关闭的项目并打开该项目的对话框
关闭项目		关闭当前所选择的项目
全部构建	Ctrl+B	在工作空间中构建所有项目
构建项目		构建当前所选择的项目
构建工作集		构建当前工作集中包含的项目
清理		显示一个对话框,可以从该对话框中选择要清理的项目
自动构建		如果选择了此项,则保存所有已修改的文件时都将自动重建它们
生成 Javadoc		对当前选择的项目打开"生成 Javadoc"向导
属性		对当前选择的项目打开属性页面

"运行"菜单:这个菜单列出了和程序运行相关的各种操作。其详细的功能说明如表 2-10 所示。

表 2-10 "运行"菜单功能说明

菜单命令	快捷键	功能
运行上次启动	Ctrl+F11	允许以受支持的运行方式快速重复最近的启动
调试上次启动	F11	允许以受支持的调试方式快速重复最近的启动
运行历史记录		显示以运行方式启动的启动配置的最近历史记录的子菜单
运行方式		表示已注册的运行启动快捷方式的子菜单。启动快捷方式支持与工作台或活动编辑器选择有关的启动

续表

菜单命令	快捷键	功能
运行		实现启动配置对话框来管理运行方式启动配置
调试历史记录		显示以调试方式启动的启动配置的最近历史记录的子菜单
调试方式		显示已注册的调试启动快捷方式的子菜单。启动快捷方式支持与工作台或活动编辑器选择有关的启动
调试		实现启动配置对话框来管理调试方式启动配置
查看		用于创建查看项。查看项是"表达式"视图中的一个表达式,当进行调试时其值会更新
检查	Ctrl+Shift+I	当线程暂挂时,此命令使用"表达式"视图来显示在该线程的堆栈帧或变量的上下文中对所选表达式或变量进行检查的结果
显示	Ctrl+Shift+D	当线程暂挂时,此命令使用"显示"视图来显示在该线程中的堆栈帧或变量的上下文中对所选表达式进行求值的结果
执行	Ctrl+U	在Java代码段编辑器的上下文中,允许对表达式进行求值但不显示结果
单步跳入选择的内容		单步跳入到所选择的方法
外部工具		用于运行控制台以外的工具
切换行断点	Ctrl+Shift+B	允许添加或除去在活动Java编辑器中当前所选行中的Java行断点
切换方法断点		允许添加或除去当前二进制方法的方法断点
切换观察点		允许添加或除去当前Java字段的字段观察点
跳过所有断点		跳过已经设定的所有断点
除去所有断点		将从"断点"视图中去除所有断点
添加Java异常断点		允许创建异常断点
添加类装入断点		调用"添加类装入断点"文本框

"窗口"菜单:在这个菜单可以进行显示、隐藏或处理"工作台"中各种视图和透视图的操作。其详细的功能说明如表2-11所示。

表2-11 "窗口"菜单功能说明

菜单命令	功能
新建窗口	打开一个新的"工作台"窗口,此窗口具有与当前透视图相同的透视图
新建编辑器	根据当前的活动编辑器打开编辑器
打开透视图	在此"工作台"窗口中打开新的透视图
显示视图	在当前透视图中显示所选视图
定制透视图	每个透视图都包括预定义的操作集,可以从菜单栏和"工作台"工具栏访问这些操作
将透视图另存为	可以保存当前透视图并创建自己的定制透视图
复位透视图	此命令将当前透视图的布局更改为其原始配置
关闭透视图	此命令关闭活动透视图
关闭所有透视图	此命令关闭"工作台"窗口中所有打开的透视图

续表

菜单命令	功能
导航	包含用来在"工作台"窗口中的视图、透视图和编辑器之间浏览的快捷键
工作集	此子菜单包含用于选择或编辑工作集的条目
首选项	允许指示使用"工作台"的首选项。有各种首选项用于配置"工作台"及其视图的外观,以及用于定制安装在"工作台"中的所有工具的行为

"帮助"菜单:这个菜单提供了有关使用工作台的帮助信息。其详细的功能说明如表 2-12 所示。

表 2-12 "帮助"菜单功能说明

菜单命令	快捷键	功能
欢迎		打开欢迎内容
帮助内容		在帮助窗口或外部浏览器中显示帮助内容。帮助内容包含帮助书籍、主题以及与"工作台"和已安装的功能部件相关的信息
搜索		显示对"搜索"页面打开的"帮助"视图
动态帮助		显示对"相关主题"页面打开的"帮助"视图
键辅助	Ctrl+Shift+L	显示键绑定列表
提示和技巧		打开可能还未发现的有吸引的效率功能部件列表
备忘单		打开备忘单选择对话框
软件更新		允许更新产品并下载和安装新功能部件
关于 Eclipse SDK		显示有关产品、已安装功能部件和可用插件的信息

2. Eclipse 的工具栏

Eclipse 的"工作台"中有 4 种工具栏:主工具栏(也称为"工作台"工具栏)、视图工具栏、透视图切换工具栏和快速视图工具栏。

Eclipse 工具栏的详细位置如图 2-19 所示。

图 2-19 Eclipse 中的工具栏

2.3.6 Eclipse 常用功能设置

1. 工作空间设置

有三种方法可以更改工作空间的路径。

（1）启动 Eclipse 后，选择"窗口"/"首选项"/"常规"/"工作空间"，单击 Workspace 页上的"启动和关闭"，然后勾选"启动和关闭"页中的"启动时提示工作空间"复选框，如图 2-20 所示。

图 2-20　每次弹出工作空间路径

（2）用记事本打开"\eclipse\configuration\.settings\org.eclipse.ui.ide.prefs"，将"SHOW_WORKSPACE_SELECTION_DIALOG"的值改为"true"。

"RECENT_WORKSPACES"的值表示设置过的工作空间绝对路径。第一个路径是当前设定的路径，向后依次是之前曾设置过的，各路径之间用"\n"分隔。

（3）删掉"\eclipse\configuration\.settings\org.eclipse.ui.ide.prefs"。执行上述操作后，再次启动，又会弹出工作空间启动程序对话框，可以重新设置了。

2. 窗口属性设置

进行窗口属性设置需先打开窗口属性窗口，选择"窗口"/"首选项"命令，如图 2-21 所示。

图 2-21　选择"窗口"/"首选项"命令

然后会默认进入首选项窗口，左侧列表都可以在右侧展开进行设置，如图 2-22 所示。

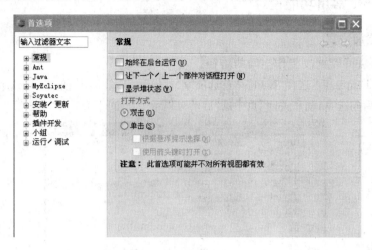

图 2-22　首选项窗口

将左侧列表"Java"展开，选择"构建路径"，在右侧即可以设置。默认选择是"项目"，可以选择"文件夹"单选按钮，这样新建 Java 时源文件会放在 src 里，输出文件会放在 bin 里，使路径更清晰，如图 2-23 所示。

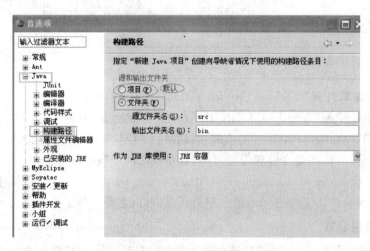

图 2-23　设置构建路径

3. 设置多个版本 JDK，以适应不同项目需要

将左侧列表"Java"展开，选择"已安装的 JRE"，在右侧即可以看到默认的 JRE 版本，也可以单击"添加"按钮进行设置，如图 2-24 所示。

单击"浏览"按钮，选择已安装的其他 JRE，如图 2-25 所示。

浏览到具体的 JRE 安装目录后，单击"确定"按钮，就可以将刚才所选择的 JRE 添加进来，如图 2-26 所示。

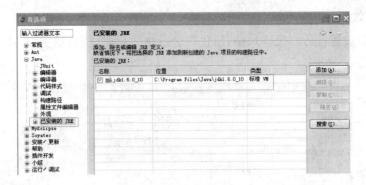

图 2-24　增加新的 JRE

图 2-25　浏览到具体的 JRE 安装目录

图 2-26　JRE 已配置进来

4. 格式化代码

Eclipse 可以设置自己的代码风格,给代码进行格式化时,快捷键为"Ctrl+Shift+F",如图 2-27 所示。

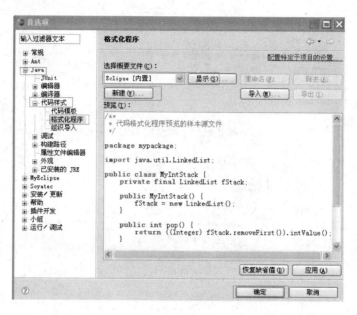

图 2-27　格式化代码

5. 项目添加经常用到的库和 JAR 文件

(1) 先设定类库,给类库起一个名字,比如 oracledriver,如图 2-28 所示。

图 2-28　添加用户库

设定完类库名字后单击"确定"按钮,就可以在用户库里看到名为"oracledriver"的库,但此时这个库是空的,没有具体文件,如图 2-29 所示。

(2) 给类库添加一个或多个 JAR 文件,单击"添加 JAR"按钮,如图 2-30 所示。

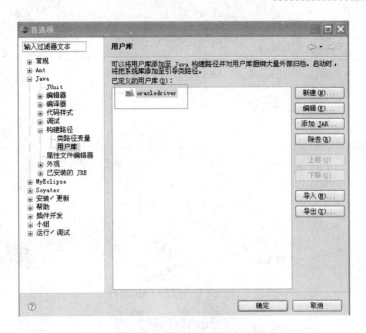

图 2-29　用户库名称已显示

图 2-30　为用户库添加 JAR 文件

然后需浏览外部 JAR 文件,选择合适的文件,单击"打开"按钮,如图 2-31 所示。

经过以上操作后,oracledriver 库里已经有了具体文件,单击"确定"按钮即可,如图 2-32 所示。

图 2-31　浏览具体的 JAR 文件

图 2-32　显示用户库和具体 JAR 文件

（3）某项目使用该类库：右键单击项目/构建路径/配置构建路径，单击"添加库"按钮，如图 2-33 所示。

添加库时选择"用户库"，然后单击"下一步"按钮，如图 2-34 所示。

（4）选择已定义好的类库，然后单击"完成"按钮，如图 2-35 所示。

经过以上操作，oracledriver 库便被添加到了 Java 构建路径中，如图 2-36 所示。

（5）切换到包视图，可以看到类库已经被引入到项目中，如图 2-37 所示。

图 2-33　配置构建路径

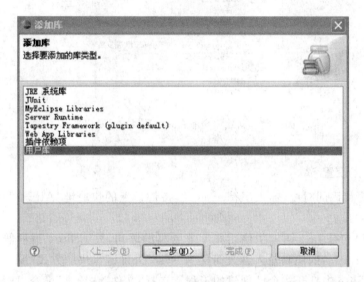

图 2-34　选择添加用户库

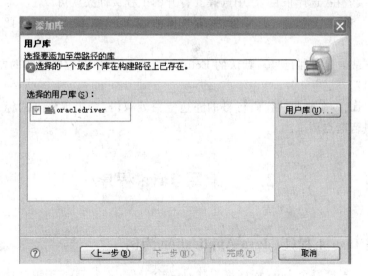

图 2-35　选中刚才新建的用户库

图 2-36　新建用户库在构建路径中显示出来

图 2-37　新建用户库在具体项目中显示出来

6．其他常用设置

（1）在书写代码的时候，输入字符 syso 后，按键盘上的快捷键"Alt＋/"，可以完成整行代码的一次性输出。

因为输出语句是 Java 语言中使用频率非常高的语句，故 Eclipse 编程器就把输出语句（System.out.println）的代码输入方式简化为"syso"外加键盘快捷方式"Alt＋/"。

（2）在 Eclipse 中打开一个已创建的工程。选择"文件"/"导入"命令，选择"现有项目到工作空间中"，接着在"选择根目录"中选择要打开的工程文件夹就可以了。

如果选中"将项目复制到工作空间中"复选框的话，Eclipse 就会同时将此文件夹复制到工作空间目录中。

（3）给 Eclipse 代码加行号。默认的 Eclipse 不显示行号，在编辑视图的左边边框，右键选择"显示行号"。

（4）断点调试。在要调试代码行号的左边空白处双击，会出现断点的标志。然后单击调试的图标，进行断点调试。

2.4　编写 Java 程序

2.4.1　创建 Java 工程（以 Java Application 为例）

Eclipse 编辑器把每个 Java 程序都看作是一个工程，一个 Java 工程就相当于一个用来存放 Java 程序的文件夹。

因此，建立 Java 程序前先要建立一个 Java 工程。

（1）选择"文件"/"新建"/"项目"命令，随后在工程向导中选择"Java 项目"，单击"下一步"按钮，如图 2-38 所示。

图 2-38　创建 Java 项目向导

（2）输入工程名"project1"，接受所有默认配置，单击"下一步"按钮，在下一页面单击"完成"按钮，如图 2-39 所示。

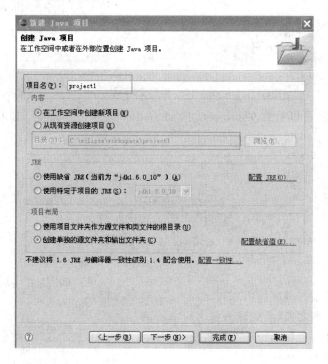

图 2-39　设置工程名称

至此,我们建立了一个 Java 工程,该工程包含了一个"JRE 系统库"子文件夹,内含 Java 程序运行时需要调用的所有系统文件。

2.4.2 添加 Java 类程序

首先右键单击 Project1 项目名称,选择"新建"/"类"命令,或者先左键单击 project1,然后选择"文件"/"新建"/"类"命令,如图 2-40 所示。

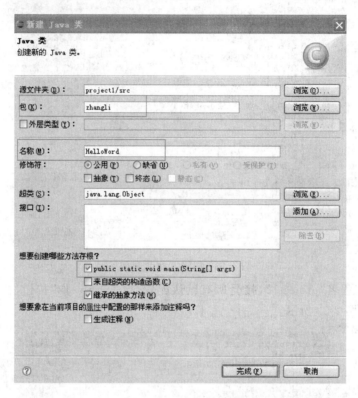

图 2-40 创建 Java 类

切换到包视图,可以看到在 project1 的 zhangli 包里有一个名为 HelloWord.java 的文件,如图 2-41 所示。

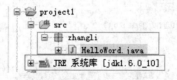

图 2-41 工程视图

注意事项:

(1) 所有的类名称都应该以大写字母开头(行业习惯)。

(2) 在输入类名之前,要先输入包名(Package)。

(3) 一个文件包也相当于一个文件夹,Eclipse 编程中,每个 Java 类程序都必须归属于某一个具体的文件包。

（4）包是 Java 系统用来组织系统类的组织，功能作用和来源相关的系统类通常放在同一个包中。

2.4.3 编写源程序

在 Java 程序代码编辑区里面书写程序代码，如：
System.out.println("Welcome to Java! ");

2.4.4 运行程序

右键单击"HelloWord.java"，选择"运行方式"/"Java 应用程序"命令，在控制台出现输出结果，如图 2-42 所示。

图 2-42　Java Application 程序运行结果

注意事项：
（1）上一步骤因为带有 main()函数，所以建立的 Java 程序是 application 类型的。
（2）如果要添加一个 Java 类程序，是 Applet 类型的，就需要修改"超类"，将 java.lang.Object 改成 java.applet.Applet。新建 firstApplet 项目并在项目里新建一个 Applet 类，名字为 firstApplet.java，如图 2-43 所示。

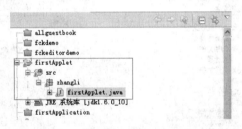

图 2-43　修改超类创建 Applet 程序

建完 Applet 类 firstApplet.java 后，编辑代码，如图 2-44 所示。

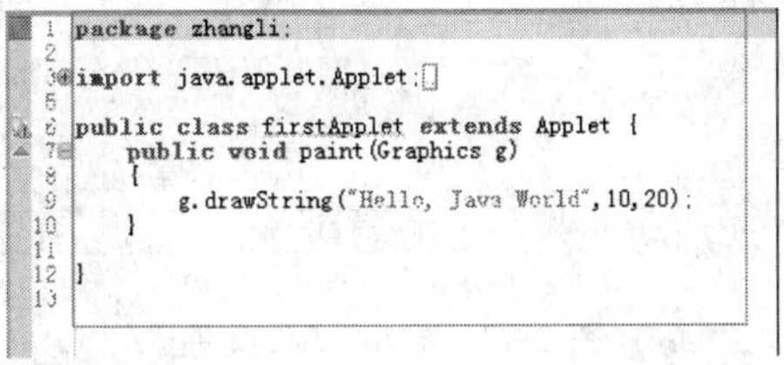

图 2-44　编写 Applet 程序源码

运行时，右键单击类名，选择"运行方式"/"Java Applet"命令，会出现一个自带的网页浏览器，上面有输出结果，如图 2-45 所示。

图 2-45　Applet 程序运行结果

2.4.5　Java 程序打包

Java 归档文件(Java Archive,JAR)是与平台无关的文件格式,它允许将许多文件组合成一个压缩文件。我们可将带有 main()方法的 Java Application 项目打包成 JAR 可执行文件,步骤如下。

(1) 选中某个工程项目,然后选择"文件"/"导出"/"Java"/"JAR 文件",如图 2-46 所示。

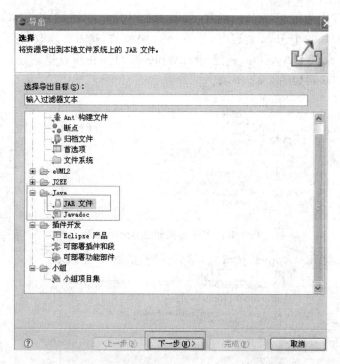

图 2-46　导出 JAR 文件

(2) 选择存放路径,并命名 JAR 文件,如图 2-47 所示。

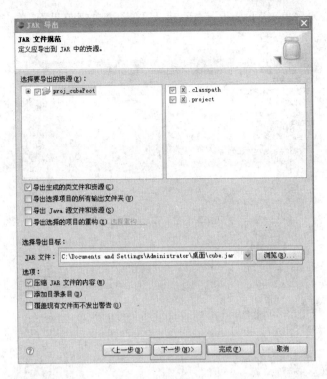

图 2-47 设置并命名 JAR 文件

(3) 进行其他一些设置,例如定义用于 JAR 导出的选项,如图 2-48 所示。

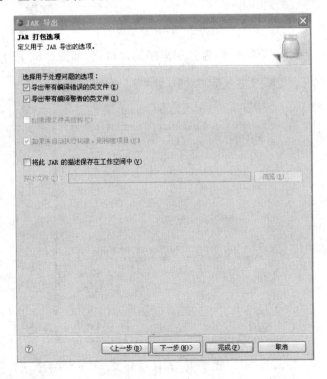

图 2-48 JAR 打包选项设置

设置完打包选项后单击"下一步"按钮,进入 JAR 清单规范界面,单击"浏览"查找 Main 类,如图 2-49 所示。

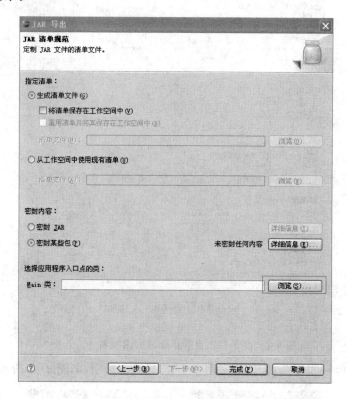

图 2-49　JAR 清单规范

选择项目里带有 main() 的类,作为应用程序的入口点,如图 2-50 所示。

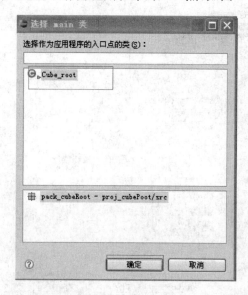

图 2-50　选择 main 类

选择完 main 类以后,单击"完成"按钮,即可倒出 JAR 文件,如图 2-51 所示。

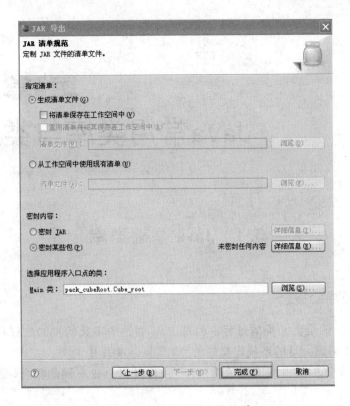

图 2-51　完成 JAR 文件导出

（4）最后会在指定保存目录生成一个可以直接双击运行的 JAR 文件。

注意事项：

（1）Eclipse 对带有 mian() 方法的 Java 项目能打包成 JAR 文件，而对 Applet 项目不行，因为 Applet 项目是嵌入在网页里运行的。

（2）Eclipse 不能将文件打包成 .exe 文件，可以再通过其他的工具比如 exe4j，将 JAR 文件转化成 exe 文件。

（3）Java 项目没必要打包成 exe 文件，因为 exe 文件不具有跨平台性。

2.5　本章小结

本章具体介绍了 Eclipse 如何安装与启动、Eclipse 平台上的各组成部分以及各部分的具体应用。读者应该着重掌握如何在 Eclipse 上开发 Java 程序和导入导出 Java 项目。通过本章的学习，读者可以看到 Eclipse 在开发 Java 程序时的便利和优势，它为程序员提供了友好的人性化开发界面，还有方便的项目移植功能，适合多种操作系统等优点。掌握 E-clipse 即是学习 Java 的良好开端。

第3章 Java常用类库与类

3.1 Java 基础类库

3.1.1 Java 类库的概念

Java 程序设计就是定义类的过程。但是 Java 程序中定义的类的数目和功能都是有限的,编程时还需要用到大量的系统定义好的类,即 Java 类库中的类。

这些系统定义好的类根据实现的功能不同,可以划分成不同的集合,每个集合是一个包,合成为类库。

Java 的类库是系统提供的已实现的标准类的集合,是 Java 编程的应用程序接口(API),它可以帮助开发者方便、快捷地开发 Java 程序。

Java 的 API 以包的形式来组织,每个包提供了大量的相关类、接口和异常处理类,这些包的集合就是 Java 的类库。

包名以 Java 开始的包是 Java 核心包(Java Core Package);包名以 Javax 开始的包是 Java 扩展包(Java Extension Package),例如 javax.swing 包。

3.1.2 常用的 Java 核心包

(1) java.lang

java.lang 包是 Java 语言的核心类库,包含了运行 Java 程序必不可少的系统类:如基本数据类型、基本数学函数、字符串处理、线程、异常处理类等。

每个 Java 程序运行时,系统都会自动地引入 java.lang 包,所以这个包的加载是缺省的。

(2) java.io 包

java.io 包是 Java 语言的标准输入/输出类库,包含了实现 Java 程序与操作系统、用户界面以及其他 Java 程序做数据交换所使用的类,如基本输入/输出流、文件输入/输出流、过滤输入/输出流、管道输入/输出流、随机输入/输出流等。

凡是要完成与操作系统有关的较低层的输入输出操作的 Java 程序都要用到 java.io 包。

(3) java.util 包

java.util 包包括了 Java 语言中的一些低级的实用工具,如处理时间的 Date 类、处理变长数组的 Vector 类、实现栈和杂凑表的 Stack 类和 HashTable 类等,使用它们开发者可以更方便地编程。

(4) java.awt 包

java.awt 包是 Java 语言用来构建图形用户界面(GUI)的类库,它包括了许多界面元素和资源,主要在三个方面提供界面设计支持。

① 低级绘图操作,如 Graphics 类等。

② 图形界面组件和布局管理,如 Checkbox 类、Container 类、LayoutManager 接口等。

③ 图形用户交互控制和事件响应,如 Event 类。

利用 java.awt 包,开发人员可以很方便地编写出美观、方便、标准化的应用程序界面。

(5) java.awt.image 包

java.awt.image 包是用来处理和操纵来自于网上的图片的 Java 工具类库。

(6) java.awt.peer 包

java.awt.peer 包很少在程序中直接用到,它的作用是使同一个 Java 程序在不同的软硬件平台上运行时,具有基本相同的用户界面。

java.awt.peer 包是程序代码与平台之间的中介,它将不同的平台包裹、隐藏起来,使这些平台在用户程序面前呈现相同的面貌。

java.awt.peer 包是实现 Java 语言跨平台特性的手段之一。

(7) java.applet 包

java.applet 包是用来实现运行于 Internet 浏览器中的 Java Applet 的工具类库,它仅包含少量几个接口和一个非常有用的类:Java.applet.Applet。

(8) java.net 包

java.net 是 Java 语言用来实现网络功能的类库。由于 Java 语言还在不停地发展和扩充,它的功能尤其是网络功能也在不断地扩充。

目前已经实现的 Java 网络功能主要有:底层的网络通信,如实现套接字通信的 Socket 类、ServerSocket 类;编写用户自己的 Telnet、FTP、邮件服务等实现网上通信的类;用于访问 Internet 上资源和进行 CGI 网关调用的类,如 URL 等。

利用 java.net 包中的类,开发者可以编写自己的具有网络功能的程序。

(9) java.sql 包

java.sql 包是实现 JDBC(Java Database Connection)的类库。利用这个包可以使 Java 程序具有访问不同种类的数据库的功能,如 Oracle、Sybase、DB2、SQL Server 等。

只要安装了合适的驱动程序,同一个 Java 程序不需要修改就可以存取、修改这些不同的数据库中的数据。

JDBC 的这种功能再加上 Java 程序本身具有的平台无关性,大大拓宽了 Java 程序的应用范围,尤其是商业应用的使用领域。

(10) java.rmi 包、java.rmi.registry 包和 java.rmi.server 包

这三个包用来实现远程方法调用(Remote Method Invocation,RMI)功能。利用 RMI 功能,用户程序可以在远程计算机(服务器)上创建对象,并在本地计算机(客户机)上使用这个对象。

(11) java.security 包、java.security.acl 包和 java.security.interfaces 包

这三个包提供了更完善的 Java 程序安全性控制和管理，利用它们可以对 Java 程序加密，也可以把特定的 Java Applet 标记为"可信赖的"，使它能够具有与 Java Application 相近的安全权限。

（12）java.corba 包和 java.corba.orb 包

这两个包将 CORBA（Common Object Request Broker Architecture，是一种标准化接口体系）嵌入到 Java 环境中，使得 Java 程序可以存取、调用 CORBA 对象，并与 CORBA 对象共同工作。这样，Java 程序就可以方便、动态地利用已经存在的由 Java 或其他面向对象语言开发的部件，简化软件的开发。

3.1.3 使用类库中类的方式

（1）继承系统类

在用户程序里创建系统类的子类，例如每个 Java Applet 的主类都是 java.applet 包中的 Applet 类的子类。

（2）创建系统类的对象

例如图形界面的程序中要接受用户的输入时，就可以创建一个系统类 TextField 类的对象来完成这个任务。

（3）直接使用系统类

例如，在字符界面向系统标准输出字符串时使用的方法 System.out.println()就是系统类 System 的静态属性 out 的方法。

无论采用哪种方式，使用系统类的前提条件是这个系统类应该是用户可见的类。为此用户需要用 import 语句引入它所用到的系统类或系统类所在的包。

例如使用图形用户界面的程序，应该用语句：

import Java.awt.*;
import Java.awt.event.*;

引入 java.awt 包和 java.awt.event 包。类库包中的程序都是字节码形式的程序，利用 import 语句将一个包引入到程序里，就相当于在编译过程中将该包中所有的系统类的字节码加入到用户的 Java 程序中。

3.2 String 类

3.2.1 字符串的创建

Java 语言中的字符串是用双引号括起来的字符序列，字符串是 String 类的实例。创建一个字符串：

String message = "Welcome to Java!";
String s = new String();
String message = new String("Welcome to Java!");

3.2.2 字符串的比较

(1) public int compareTo(String anotherString);
(2) public boolean equals(Object anObject);
(3) public boolean equalsIgnoreCase(String anotherString);

方法(1)对两个字符串进行逐个字符比较,返回第一个不同字符的 unicode 差值。

方法(2)是重载 Object 类的方法,将当前字符串与方法的参数列表中给出的字符串相比较,若两字符串相同,则返回真值,否则返回假值。

方法(3)与方法(2)用法相似,只是它比较字符串时将不计字符大小写的差别。

3.2.3 字符串的连接

(1)用＋号连接
(2)public String concat(String str);

注意:String 是一个不可变的类,一个字符串创建后,它的值不能部分地改变。

String s1 = "Welcome to Java ";
String s2 = s1 + " Programming ";
String s3 = s1.concat(s2);

3.2.4 字符串的截取

public String substring(int beginIndex, int endIndex)

该方法返回字符串的子串,从 beginIndex 开始到 endIndex-1 结束。

3.2.5 获取字符串的长度

调用字符串的 length 方法可以得到字符串的长度。

message = "Welcome";
message.length();

返回结果为 7。

3.2.6 获取字符串的单个字符

不要使用 message[0],而是使用 message.charAt(index)。
Index 的范围是从零开始的。

3.2.7 字符串与其他数据类型的转换

在这里介绍各种常用类型之间的转化,不局限于字符串。
Java 编程器提供了一些基本的复合数据类型。
Integer:提供针对整数(int 型)数据的各种常用操作。
Double:提供针对实数(double 型)数据的各种常用操作。
Character:提供针对字符(char 型)数据的各种常用操作。
int n;double d;char c;String str;

字符串转化为实数：
d = Double.parseDouble(str);
实数转化为字符串：
str = Double.toString(d);
tr = String.valueOf(d);
字符串转化为整数：
n = Integer.parseInt(str);
整数转化为字符串：
str = Integer.toString(n);
str = String.valueOf(n);
字符型数据转化为字符串：
str = Character.toString(c);
str = String.valueOf(c);

但是字符串型数据不能转化为字符，因为字符串中可能包含很多个字符。而且字符型数据向字符串型数据转化一般也不太常用。

3.3 数　　组

数组是一个数据结构，用来存储相同类型的数据。

Java 将数组作为对象来处理，具有 10 个 double 类型的数组声明方式为：double[] myList = new double[10]。其内存分配效果如图 3-1 所示。

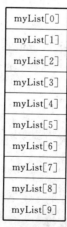

图 3-1　数组内存分配

3.3.1　数组的声明

(1) datatype[] arrayname;
(2) datatype arrayname[];
使用方法：
(1) int[] myList;

（2）int myList[];

3.3.2 创建数组

arrayName = new datatype[arraySize];

使用方法：

myList = new double[10];

3.3.3 声明和创建一步完成

（1）datatype[] arrayname = new datatype[arraySize];

（2）datatype arrayname[] = new datatype[arraySize];

使用方法：

double[] myList = new double[10];

double myList[] = new double[10];

在 Java 中二维数组被声明为数组对象的数组。

3.3.4 二维数组的使用

二维数组的声明：

int[][] matrix = new int[10][10];

或者

int matrix[][] = new int[10][10];

二维数组的初始化：

```
for(int i = 0;i<matrix.length;i++)
{
        for(int j = 0;j<matrix[i].length;j++)
        {
                matrix[i][j] = (int)(Math.random() * 1000);
        }
}
```

可以在创建的同时初始化一个二维数组。

```
int[][] matrix =
{
        {1,2,3,4,5},
        {2,3,4,5,6},
        {3,4,5,6,7},
        {4,5,6,7,8},
        {5,6,7,8,9}
}
```

3.4 Applet 类

所有的 Applet 程序都必须继承于 Applet 类。Applet 类存放在 java.applet 类包中，我们先来看看此类的继承结构,如图 3-2 所示。

```
java.lang.Object
    └java.awt.Component
        └java.awt.Container
            └java.awt.Panel
                └java.applet.Applet
```

图 3-2　Applet 类的层次结构

Java 语言中所有的类都是直接或间接继承 Object 类而来,我们可以在 Applet 类的继承机构中发现 Component、Container 和 Panel 类都是收集在 java.awt 类包中,这表示 Applet 类和 java.awt 类集合有很大的关系,这也正是我们前面为何称 Applet 程序其实也是 Java 窗口程序的原因。

因为在 java.awt 类包中所收集的是一组关于编写窗口使用者的接口(Windows UI)、绘制图形(Graphic)和图像(Image)的相关类,AWT 的全名是 Abstract Window Toolkit。简单地说,我们可以使用 AWT 中所提供的各种类来编写 Java 窗口程序。

在继承结构中的 Component 类是许多窗口组件类的父类,窗口组件指的就是如按钮、下拉菜单等,它常被用来制作使用者图形接口。除此之外,Component 类最主要的特色是具有在屏幕上绘制图形的能力,而图形的绘制正是游戏设计的重要元素之一,利用 Java 来绘图是非常方便的。

这种一脉相承的关系使得 Applet 类非常具有特色,它既可以用来在屏幕上绘制图形,也可以植入其他的窗口组件,并且拥有自己独立的坐标系统。除此之外,更重要的特色是它可以嵌入到 HTML 文件中,让使用者通过因特网下载程序并运行,或用来协助展现网页的动态效果。

3.4.1　主要方法

(1) 浏览器载入时,要依次运行 init、start、paint 方法。

(2) 离开浏览器页面时,执行 stop。

(3) 退出浏览器时,执行 destroy。

Applet 提供了所有这些方法的默认实现,所以我们在编写自己的 applet 时,就可以不必写出全部方法,只要继承这个 Applet,然后重写特定的方法来增加特殊功能。

init()方法:Applet 小程序的初始化,可以继承或重载父类的 init();只执行一次。

start()方法:系统调用完 init()后,自动调用 start();用来启动浏览器,以运行 Applet 小程序的主线程;可以被多次执行,例如用户使用了浏览器的 Reload 操作,或者用户将浏览器页面转向其他 HTML 页面后又返回;可以不实现该方法。

paint()方法:public void paint(Graphics g);

导致该方法被调用的事件有三种:

(1) Applet 被启动后,描绘界面。

(2) 所在浏览器窗口改变(缩、放、移动等)。

(3) 当相关方法 repaint() 被调用时,自动调用该方法。

stop() 方法:用户离开 Applet 所在界面时,自动调用;可以多次被执行;停止一切耗用系统资源的工作,以免影响运行速度;当不含动画、声音等时,通常不必实现该方法。

destroy()方法:Java 在浏览器关闭时自动调用;在该方法中一般可以要求收回占用的非内存独立资源;若 Applet 仍在运行时,关闭浏览器,系统则自动先执行 stop(),再执行 destroy()。

Applet 的生命周期与主要方法的关系如图 3-3 所示。

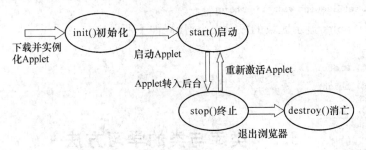

图 3-3 Applet 的生命周期与主要方法的关系

3.4.2 生命周期调用时间

下面以一个例子来说明各函数的调用时间,在启动窗口时会依次调用 init()、start()、paint()方法,如果将窗口最小化就会调用 stop()方法;如果重新回到该窗口,就会调用 start()和 paint()方法;如果关闭窗口,则会调用 stop()和 destroy()方法。

```
import java.applet.Applet;
import java.awt.Graphics;
public class LifeCircle extends Applet {
    public void init()
    {
        System.out.println("调用 int()方法");
    }
    public void start()
    {
        System.out.println("调用 start()方法");
    }
    public void paint(Graphics g)
    {
        System.out.println("调用 paint()方法");
    }
    public void stop()
    {
        System.out.println("调用 stop()方法");
    }
    public void destroy()
    {
        System.out.println("调用 destroy()方法");
    }
}
```

3.4.3　Apple 显示区域的设置

设置 Applet 大小，代码如下所示：
```
public void setSize(int width,int height);
```
获取当前 Applet 显示区域的显示大小，代码如下所示：
```
int w,h;
w = getSize().width;
h = getSize().height;
```

3.5　类库与类的学习方法

本章讲解的是我们在编程中最常用的类，除此之外，JDK 中还有许多类，系统软件商、开发工具商也都会提供许多各种功能的类，大家不可能全部学习一遍，而且也没有这个必要，到需要时再去掌握是完全来得及的。Java 的 API 非常多，必须规划好一个学习路线，才不会在浩瀚的 API 大海中迷失。有了某一领域的知识，再参看一些范例，很容易就掌握一些新的 API。掌握了本章所讲的 API 和查阅文档资料的技巧，你就没必要再去看什么 Java API 大全之类的书籍了，那些大全无非是 JDK 文档的一些翻版罢了。

最聪明的人是最会利用工具和资源的人，要想做一个出色的程序员，必须学会查阅文档，同时也要结交一些程序员朋友，或上一些技术论坛，这些都是解决问题的捷径。大家根据自己的实际情况，可以提前通读一下 JDK 文档中大部分类及类中的方法，做到遇到问题时心中有数，也可以暂时不读，只掌握原理、处理过程、解决方法，等到以后有具体的实际需求时，再来查阅 JDK 文档。

3.6　本章小结

尽管 Sun 公司提供的 Java API 规模庞大，JDK 6.0 SE 中提供的 Java(包括抽象类和接口)总数已超过 3 000 个，但对于实际的应用开发而言，真正常用的 Java 类不过是数十个而已，本章对其中最基本也是最可能被用到的十几个 Java 类进行分类介绍，初学者如能尽快掌握和熟练运用它们，将达到事半功倍的效果。本章中应重点掌握 String 类和 Apple 类的常用方法。

思　考　题

更改生命周期的范例，要求 Applet 显示区域初始化为 1024 * 768 大小，拖曳屏幕的时候在控制台随时输出当前屏幕的宽和高。

第4章 异常处理

4.1 引 入

编写一个 Java 程序,实现以下功能:从键盘上任意输入一个正数,计算并显示它的立方根。要求:工程名称 proj_cubeRoot;包名称 pack_cubeRoot;类名称 Cube_root。效果如图 4-1 和图 4-2 所示。

图 4-1 用户输入界面

图 4-2 显示计算结果

4.1.1 所用的重要函数

(1) 两个字符串相加表示两个字符串连在一起。
(2) 求平方根的函数为 Math.sqrt(double d);返回值为实数型。
(3) 求立方根的函数为 Math.cbrt(double d);返回值为实数型。

4.1.2 可视化输入与输出

Java 程序的数据输入比较麻烦,但可借助 Eclipse 编程器提供的"标准选择对话框"进行数据的可视化输入/输出操作。

JOptionPane.showInputDialog(str1);

参数是字符串类型的,该字符串是显示在对话框的标题处。

返回值也是字符串类型的,也就是说由对话框的文本输入框接收到的值是字符串类型。

JOptionPane.showMessageDialog(null,str2);

第一个参数设为 null;第二个参数是字符串类型的,表示要输出的结果。

4.1.3 程序源代码

主要代码示例如下：

```java
import javax.swing.JOptionPane;
public class Cube_root {
    public static void main(String[] args) {
        double x,y;
        String str;
        str = JOptionPane.showInputDialog("x = ");
        x = Double.parseDouble(str);
        y = Math.cbrt(x);
        str = Double.toString(y);
        JOptionPane.showMessageDialog(null,str);
    }
}
```

4.1.4 程序出现的问题

问题1：当输入错误的数据类型，比如"abc"，并按"确定"按钮后，程序没有运行结果，并在控制台出现红色异常（Exception）信息，如图4-3所示。

```
Exception in thread "main" java.lang.NumberFormatException: For input string: "abc"
    at sun.misc.FloatingDecimal.readJavaFormatString(FloatingDecimal.java:1224)
    at java.lang.Double.parseDouble(Double.java:510)
    at pack_cubeRoot.Cube_root.main(Cube_root.java:10)
```

图4-3 输入字符串时候发生错误

由控制台信息看出错误出在第10行 x＝Double.parseDouble(str);。

异常是程序在执行过程中临时发生的"意外事故"。例如在本例题中试图把字符串"abc"转化为一个实数就是一种异常。

还有其他现象，比如试图对一个并不存在的文件进行"读操作"，试图引用越界的数组成员等都可以产生异常。

解决方法：为程序添加 try/catch 异常处理语句。用鼠标选中从出错的代码行到代码结束，右键单击这些处于选中状态的代码行，弹出浮动菜单命令框，选择"包围方式"/"Try/catch 块"命令。于是由 Eclipse 编译器自动添加"try/catch"异常处理语句。

代码里生成了两个 catch 语句块，表示在执行 try 语句块时有可能遇到两种不同类型的异常：NumberFormatException 数据格式异常和 HeadlessException 操作系统显示异常（操作系统中缺少程序所需类型的对话框），如图4-4所示。

```
try {
    x=Double.parseDouble(str);
    y=Math.cbrt(x);
    str=Double.toString(y);
    JOptionPane.showMessageDialog(null, str);
} catch (NumberFormatException e) {
    // TODO 自动生成 catch 块
    e.printStackTrace();
} catch (HeadlessException e) {
    // TODO 自动生成 catch 块
    e.printStackTrace();
}
```

图4-4 添加异常处理语句

单击 NumberFormatException，Eclipse 会把引发这种异常的操作函数以灰色标示出来（parseDouble 函数）。

单击 HeadlessException，Eclipse 会把函数 showMessageDialog 以灰色标示出来。

e.printStackTrace();表示调用相应异常类的对象 e 的成员函数，以便在 Console 输出平台标签窗口打印该类型的异常信息。

再次运行程序，当输入数据（包括正确数据和错误数据）后，运行结果仍然不变。

这时，可以将 e.printStackTrace();语句注释掉，然后在 catch 语句块里填写自己的异常处理语句，如图 4-5 所示。

```
try {
    x=Double.parseDouble(str);
    y=Math.cbrt(x);
    str=Double.toString(y);
    JOptionPane.showMessageDialog(null, str);
} catch (NumberFormatException e) {        //数据格式异常
    // TODO 自动生成 catch 块
    //e.printStackTrace();
    JOptionPane.showMessageDialog(null, str+":Data Error!");
} catch (HeadlessException e) {            //操作系统显示异常
    // TODO 自动生成 catch 块
    //e.printStackTrace();
    JOptionPane.showMessageDialog(null, str+":No this Window!");
}
```

图 4-5　填写异常处理语句

对于 HeadlessException，因为它跟操作系统有关，所以只要程序对正确数据能计算并显示其立方根，说明该操作系统就不至于让程序在执行过程中产生"缺少这种窗口对话框"的异常。

问题 2：当输入数据后，单击"取消"按钮，放弃操作，则程序仍然会产生另外一种新的异常，如图 4-6 所示。

```
Exception in thread "main" java.lang.NullPointerException
    at sun.misc.FloatingDecimal.readJavaFormatString(FloatingDecimal.java:991)
    at java.lang.Double.parseDouble(Double.java:510)
    at pack_cubeRoot.Cube_root.main(Cube_root.java:10)
```

图 4-6　取消时出现的程序异常

由控制台信息看出错误出在第 10 行 x＝Double.parseDouble(str);。

为了能正确处理这种异常，我们给 try 语句再增加一个 catch 语句块。

（1）在最后一个 catch 语句结束的地方手工输入 catch 后，按"Alt＋/"快捷键，选择第一个选项，则生成代码如图 4-7 所示。

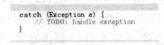

图 4-7　自动生成默认的 catch 语句块

（2）将小括号里的 Exception 参数类型改成 NullPointerException。

（3）然后在大括号的函数实体里面填写处理方法。

JOptionPane.showMessageDialog(null,"NO Data! ");

程序最后示例如下：

import java.awt.HeadlessException;
import javax.swing.JOptionPane;
public class Cube_root2 {

```java
    public static void main(String[] args) {
        double x,y;
        String str;
        str = JOptionPane.showInputDialog("x = ");
        try {
            x = Double.parseDouble(str);
            y = Math.cbrt(x);
            str = Double.toString(y);
            JOptionPane.showMessageDialog(null,str);
        }
    catch (NumberFormatException e)
        {      //数据格式异常
            JOptionPane.showMessageDialog(null,str + ":Data Error! ");
        }
        catch (HeadlessException e)
        {  //操作系统显示异常
            JOptionPane.showMessageDialog(null,str + ": No this Window! ");
        }
    catch (NullPointerException e)
    {
            // handle exception
            JOptionPane.showMessageDialog(null," No Data! ");
        }
    }
}
```

4.2 异常处理

尽管Java语言自身的优点使得程序员在开发程序时能够更整洁、更安全的编写代码，并且程序员也会尽量避免错误的产生，但总会有这样或那样的错误发生，使得程序开发被迫中止。考虑到发生这些错误时，会使开发人员感到迷惑和困扰，Java提供了一种称为异常处理的机制来帮助开发人员检查可能会出现的错误，保证了程序的可读性、可靠性及可维护性。

异常也称为例外，是在程序运行过程中发生的、会打断程序正常执行的事件。Java通过面向对象的方法来处理异常。在一个方法的运行过程中，如果发生了异常，则这个方法生成代表该异常的一个对象，并把它交给运行时的系统，运行时系统寻找相应的代码来处理这一异常。我们把生成异常对象并把它交给运行时系统的过程称为抛出一个异常。运行时系统在方法的调用栈中查找，从生成异常的方法开始进行回溯，直到找到包含相应异常处理的方法为止，这一个过程称为捕获一个异常。

4.2.1 异常处理编程步骤

完整的异常处理编程分 3 个步骤：
(1) 声明异常(Claiming an Exception)。
(2) 抛出异常(Throwing an Exception)。
(3) 捕获异常(Catching an Exception)。
以上三个步骤的效果如图 4-8 所示。

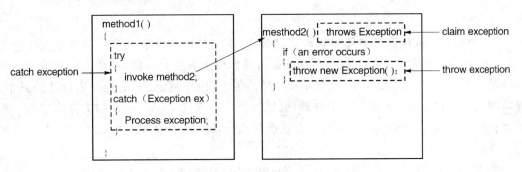

图 4-8　异常处理编程步骤

4.2.2 Eclipse 对于异常处理的措施

(1) 会自动识别出该异常，比如 Thread.sleep(125)，如图 4-9 所示。

图 4-9　自动识别的异常

public static void sleep(long millis) throws InterruptedException

(2) 虽不能自动识别出异常，但是当我们对代码行进行右键单击，弹出浮动菜单命令框，选择"包围方式"/"Try/catch 块"命令操作时，会自动判别相应的异常处理类型，比如本题前两种异常。

(3) 不能自动识别异常，也不能自动判别类型，需要手动添加已有的异常类型，比如本题第三种异常。

(4) 需要用户自己定义一些异常，来满足项目需要。

我们通常所说的程序的健壮性反映了程序代码对各种异常操作妥善处理能力的大小。软件的健壮性非常重要，健壮性差的软件在特殊情况下会产生"死机"、"突然自动关闭"、"突然重启动"等。而健壮性强的软件就能对各种异常操作进行妥善处理。

4.2.3 Java 对异常的处理

异常产生后，如果不做任何处理，程序就会被终止，为了保证程序有效的执行，就需要对发生的异常进行相应处理。在 Java 中，如果某个方法抛出异常，既可以在当前方法中进行捕获然后处理该异常，也可以将异常向上抛出，由方法的调用者来处理。下面就来讲解Java中对异常的处理。

(1) 使用 try-catch 语句

在 Java 中,对容易发生异常的代码,可以通过 try-catch 语句进行捕获。在 try 语句块中编写可能发生异常的代码,然后在 catch 语句块中捕获执行这些代码时可能发生的异常。使用格式如下:

```
try{
        能产生异常的代码
}catch(异常类 异常对象){
        异常处理代码
}
```

try 语句块中的代码可能同时存在多种异常,那么到底捕获的是哪一种类型的异常由 catch 语句中的"异常类"参数来制定。catch 语句类似于方法的声明,包括一个异常类型和该类的一个对象,异常类必须是 Throwable 类的子类,用来制定 catch 语句要捕获的异常,异常类对象可以在 catch 语句块中被调用,例如调用对象的 getMessage()方法来实现。当该字符串不是数字形式时,parseInt()方法会抛出异常。Integer 类的 parseInt()方法的声明如下:

```
public static int parseInt(String s)throws NumberFormatException(...)
```

代码中通过 throws 语句抛出了 NumberFormatException 异常,因此在应用 parseInt()方法时,可以通过 tyr-catch 语句来捕获该异常,从而进行相应的异常处理。

```
try{
        int age = Integer.parseInt("24L");    //抛出 NumberFormatException 异常
        System.out.println("打印 1");
}catch(NumberFormatException e){          //捕获 NumberFormatException 异常
        System.out.println("年龄请输入整数!");
        System.out.println("错误:"+ e.getMessage());
}
System.out.println("打印 2");
```

因为程序执行到"=Integer.parseInt("24L")"语句时抛出异常,直接被 catch 语句捕获,使程序流程跳转到 catch 语句块内继续执行,所以"System.out.println("打印 1")"代码行不会被执行,而异常处理结束后,会继续执行 try-catch 语句后面的代码。运行结果如下:

年龄请输入整数!
错误:For input string:"24L"
打印 2

如果在执行 catch 语句块中的代码时出现了其他原因,则该 try-catch 语句不会被顺利执行,那么程序会终止,将不再执行 try-catch 语句后面的代码。例如:

```
try{
        int age = Integer.parseInt("24L");    //抛出 NumberFormatException 异常
        System.out.println("打印 1");
}catch(NumberFormatException e){          //捕获 NumberFormatException 异常
        int b = 8/0;                      //编译出错,抛出 rithmeticException 异常
        System.out.println("年龄请输入整数!");
        System.out.println("错误:"+ e.getMessage());
```

```
}
        System.out.println("打印 2");
```

上述代码在执行 try 语句块代码时抛出异常,由 catch 语句捕获,然后来执行 catch 语句块中的代码,当执行"int b=8/0"语句时,又抛出了 ArithmeticException 异常,此时程序被终止,不再执行"System.out.println("打印 2")"语句。运行结果如下:

Exception in thread "main"java.lang.ArithmeticException:/by zero

提示:如果在不知道代码抛出的是哪种异常的情况下,可以指定它们的父类 Throwable 或者 Exception。

在 try-catch 语句中,可以同时存在多个 catch 语句块,使用格式如下:

```
try{
        可能产生异常的代码
}catch(异常类 1 异常对象){
        异常 1 处理代码
}catch(异常类 2 异常对象){
        异常 2 处理代码
}
...//其他 catch 语句块
```

代码中的每个 catch 语句块用来捕获一种类型的异常。如果 try 语句块中的代码发生异常,则会由上而下依次来查找能够捕获该异常的 catch 语句块,并执行该 catch 语句块中的代码。

在使用多个 catch 语句捕获 try 语句块中的代码抛出异常时,需要注意 catch 语句的顺序,如果多个 catch 语句所要捕获的异常类之间具有继承关系,则用来捕获子类的 catch 语句要放在捕获父类的 catch 语句的前面。否则,异常抛出后,先由捕获父类异常的 catch 语句捕获,而捕获子类异常的 catch 语句将成为执行不到的代码,在编译时会出错。

例如:

```
try{
    int age = Integer.parseInt("24L");//抛出 NumberFormatException 异常
}catch(Exception e){                   //先来捕获 Exception 异常
        System.out.println(e.getMessage());
}catch(NumberFormatException e){       //捕获异常类 Exception 的子类异常
        System.out.println(e.getMessage());
}
```

代码中第 2 个 catch 语句捕获的 NumberFormatException 异常是 Exception 异常类的子类,因此 try 语句块中的代码抛出异常后,先由第 1 个 catch 语句块捕获,其后的 catch 语句块成为执行不到的代码,编译时发生如下异常:

执行不到的 NumberFormatException 的 catch 块,它已由 Exception 的 catch 块处理。

(2) finally 子句的用法

finally 子句需要与 try-catch 语句一同使用,不管程序中有无异常发生,并且不管之前的 try-catch 语句是否顺利执行完毕,最终都会执行 finally 语句块中的代码,这使得一些不管在任何情况下都必须执行的步骤被执行,从而保证了程序的健壮性。

例如:

```java
try{
    int age = Integer.parseInt("24L");       //抛出 NumberFormatException 异常
    System.out.println("打印 1");
}catch(NumberFormatException e){             //捕获 NumberFormatException 异常
    int b = 8/0;                             //编译出错,抛出 ArithmeticException 异常
    System.out.println("年龄请输入整数!");
    System.out.println("错误:" + e.getMessage());
}finally{                                    //无论结果怎样,都会执行 finally 语句块
    System.out.println("打印 2");
}
System.out.println("打印 3");
```

运行结果如下:

打印 2

Exception in thread "main"java.lang.ArithmeticException:/by zero

(3) 使用 throws 关键字抛出异常

如果某个方向可能会发生异常,但不想在当前方法中来处理这个异常,那么可以将该异常抛出,然后在调用该方法时的代码中捕获该异常并进行处理。

将异常抛出,可以通过 throws 关键字来实现。throws 关键字通常被应用在声明方法时,用来制定方法可能抛出的异常,多个异常可用逗号分隔。

例如:

```java
public static void main(String[] args){
    try{
        dofile("C:/mytxt.txt");
    }catch(IOException e){
        System.out.println("调用 dofile()方法出错!");
        System.out.println("错误:" + e.getMessage());
    }
}
public static void dofile(String name)throws IOException{
    File file = new File(name);              //创建文件
    FileWriter fileOut = new FileWriter(file);
    fileOut.write("Hello! World!");          //向文件中写入数据
    fileOut.close();                         //关闭输出流
    fileOut.write("爱护地球");               //运行出错,抛出异常
}
```

运行结果如下:

调用 dofile()方法出错!

错误:Stream closed

上述代码的 dofile()方法声明抛出一个 IOException 异常,因此在该方法的调用者 main()方法中需要捕获该异常并进行处理。

对一个产生异常的方法,如果不适用 try-catch 语句捕获并处理异常,那么必须使用

throws 关键字指出该方法可能会抛出的异常。但如果异常类型是 Error、RuntimeException 或者它们的子类，那么可以不适用 throws 关键字来声明要抛出的异常，例如 NumberFormatException 或者最终要有能够处理该异常的代码。

(4) 使用 throw 关键字

使用 throw 关键字也可以抛出异常，与 throws 不同的是，throw 用于方法体内，并且抛出一个异常类对象，而 throws 用在方法声明中来指明方法可能抛出的多个异常。

通过 throw 抛出异常后，如果想在上一级代码中来捕获并处理异常，则同样需要在抛出异常的方法中使用 throws 关键字在方法的声明中指明要抛出的异常；如果想在当前的方法中捕获并处理 throw 抛出的异常，则必须使用 try-catch 语句。上述两种情况，如果 throw 抛出的异常是 Error、RuntimeException 或者它们的子类，则无须使用 throws 关键字或者 try-catch 语句。

throw 通常用来抛出用户自定义异常，下面通过一个实例向读者介绍 throw 的用法。

例如当输入的年龄为负数时，Java 虚拟机当然不会认为这是一个错误，但实际上年龄是不能为负数的，可以通过异常的方式来处理。

① 先来自定义一个异常类，该类继承 Exception 类，并覆盖 getMessage() 方法，其代码如下：

```
package com.yxq.doException;
public class MyException extends Exception {
    private String name;
    public MyException(String name){
        this.name = name;
    }
    public String getMessage() {
        return this.name;
    }
}
```

② 创建 People 类，该类中的 check() 方法首先将传递进来的 String 型参数转换为 int 型，然后判断该 int 型整数是否为负数，如果为负数则抛出 MyException 异常，然后在该类型的 main() 方法中捕获 MyException 异常并处理，代码如下：

```
package com.yxq.doException;
public class People {
    public static int check(String strage) throws MyException{
        int age = Integer.parseInt(strage);
        if(age<0)
            throw new MyException("年龄不能为负数！");
        return age;
    }
    public static void main(String[]args) {
        try{
            int myage = check("-101");
            System.out.println(myage);
```

```
            }catch(NumberFormatException e){
                System.out.println("数据格式错误!");
                System.out.println("原因:"+ e.getMessage());
            }catch(MyException e){
                System.out.println("数据逻辑错误!");
                System.out.println("原因:"+ e.getMessage());
            }
        }
    }
```

在 check()方法中将异常抛给了调用者 main()方法进行处理。check()方法可能会抛出两种异常;不是数字格式的字符串转换为 int 型时抛出的 NumberFormatException 异常和当年龄小于 0 时抛出的 MyException 自定义异常。因为 NumberFormatException 为 RuntimeException 异常类的子类,因此不必通过 throws 关键字指定,而 MyException 继承自 Exception 类,应该指明。

在 main()方法中,应该对调用 check()方法的代码进行异常捕获及处理。当想 check()方法传递的参数为"-101"或者其他负数时,根据 check()方法中的代码,会抛出 MyException 异常,程序流程会跳到 main()方法汇总的第 2 个 catch 语句块。

运行结果如下:

数据逻辑错误!

原因:年龄不能为负数!

如果向 check()方法传递的阐述为"-101L"时,则 check()方法会抛出 NumberFormatException 异常,程序跳转到 main()方法中的第 1 个 catch 语句块,将显示如下运行结果:

数据格式错误!

原因:For input string:"-101L"。

4.2.4 异常处理注意事项

通过前面的介绍,进行异常处理时主要涉及 try、catch、finally、throw 和 throws 关键字,在使用时,要注意以下几点。

(1)不能单独使用 try、catch 或者 finally 语句块,否则编译会出错,例如以下代码所示:
```
File file = new File("D:/myfile.txt");
try{
    FileOutputStream out = new FileOutStream(file);
    out.write("Hello! ".getBytes());
}                           //编译出错
```

(2)try 语句块后既可以只是用 catch 语句块,也可以只是用 finally 语句块。当与 catch 语句块一起使用时,可以存在多个 catch 语句块,而对于 finally 语句块只能存在一个。当 catch 语句块与 finally 语句块同时存在时,finally 语句块必须放在 catch 语句块之后。

(3)try 只与 finally 语句块使用时,可以使程序在发生异常后抛出异常,并继续执行方法中的其他代码。例如:
```
public static void dofile(String name)throws IOException{//通过 throws 将异常向上抛出
```

```
        File file = new File("D:/myfile.txt");
        FileOutputStream out = new FileOutStream(file);
        out.write("start".getBytes());              //向 myfile.txt 文件中写入数据
        out.close();                                //关闭输出流
        out.write("end".getBytes());                //抛出 IOException 异常
        System.out.println("上一行代码:out.wrinte(null)");  //不执行改行代码
    }
```

对于上述代码,如果希望异常发生后,抛出异常并继续执行后面的代码就可以同时使用 try 与 finally 语句块。

```
public static void dofile(String name)throws IOException{//通过 throws 将异常向上抛出
        File file = new File("D:/myfile.txt");
        try{
            FileOutputStream out = new FileOutStream(file);
            out.write("start".getBytes());          //向 myfile.txt 文件中写入数据
            out.close();                            //关闭输出流
            out.write("end".getBytes());            //抛出 IOException 异常
        }finally {
            System.out.println("上一行代码:out.wrinte(null)");//不执行改行代码
        }
    }
```

（4）try 只与 catch 语句块使用时,可以使用多个 catch 语句块来捕获 try 语句块中可能发生的多种异常。异常发生后,Java 虚拟机会由上而下来检测当前 catch 语句块所捕获的异常是否与 try 语句块中发生的异常匹配,如果匹配,则不再执行其他的 catch 语句块。如果多个 catch 语句块捕获的是同种类型的异常,则捕获子类异常的 catch 语句块要放在方法前面。

例如下面代码演示捕获匹配的异常:

```
File file = new File("D:/myfile.txt");
try{
        FileOutputStream out = new FileOutStream(file);
        out.write("start".getBytes());
        out.close();
        out.write("end".getBytes());                //抛出 IOException 异常
}catch(ArithmeticException){
        System.out.println("捕获到 ArithmeticException 异常");
}catch(IOExecption e){
        System.out.println("捕获到 IOExecption e 异常");
}
```

下面的代码错误放置了捕获子类与父类的 catch 语句块的位置,最终导致编译错误:

```
File file = new File("D:/myfile.txt");
try{
        FileOutputStream out = new FileOutStream(file);
        out.write("start".getBytes());
```

```
        out.close();
        out.write("end ".getBytes());            //抛出 IOException 异常
    }catch(Exception e){
        System.out.println("捕获到父类 Exception 异常");
    }catch(IOExecption e){
        System.out.println("捕获到 IOExecption e 异常");
    }
```

(5) 在 try 语句块中声明的变量只在当前 try 语句块中有效，在其后的 catch、finally 语句块或者其他位置都不能访问该变量。但在 try-catch-finally 语句块之外声明的变量可以在 try、catch、finally 语句块中访问。例如：

```
int age 1 = 0;
try{
    age 1 = Integer.valueOf("20L");         //抛出 NumberFormatException 异常
    int age2 = Integer.valueOf("24L");      //抛出 NumberFormatException 异常
}catch(ArithmeticException e){
    age 1 = -1;                             //编译成功
    age 2 = 0;                              //编译出错，无法解析 age 2
}finally{
    System.out.println(age1);               //编译成功
    System.out.println(age2);               //编译出错，无法解析 age
}
```

(6) 对于发生的检查异常，必须使用 try-catch 语句捕获处理，或者通过 throws 语句向上抛出，否则编译出错。

(7) 在使用 throw 语句抛出一个异常对象时，该语句后面的代码将不会被执行，例如：

```
File file = new File("D:/myfile.txt");
try{
    FileOutputStream out = new FileOutStream(file);
    out.write("start ".getBytes());         //向 myfile.txt 文件中写入数据
    out.close();                            //关闭输出流
    out.write("end ".getBytes());           //抛出 IOException 异常
}catch(IOExecption e){
    System.out.println("throw e");          //编译出错，永远执行不到的代码
}
```

4.2.5 异常处理使用原则

异常处理不应用来控制程序的正常流程，它的作用主要是捕获程序在运行时发生的异常并进行相应的处理，保证了程序在错误修复后能够继续执行。

在编写代码时，处理某个方法可能发生的异常，可以采用以下 3 种方式。

(1) 在当前方法中使用 try-catch 语句捕获并处理异常。

(2) 在方法声明处，通过 throws 关键字重新抛出异常。

(3) 使用 catch 语句捕获异常后，使用 throw 关键字重新抛出异常。

在使用 try-catch 语句捕获异常时,一个方法中可能会产生多种不同的异常,此时需要设置多个 catch 语句进行捕获,并且应注意的是,如果是同类型的异常,则捕获子类异常的 catch 语句要放在捕获父类异常的 catch 语句之前。如果出现 RuntimeException 异常,则可以不使用 try-catch 语句捕获或者由 throws 关键字抛出,Java 虚拟机会自动来捕获该类异常。

如果不想在当前方法中处理异常,则可以向上抛出,但最后一定要编写处理异常的代码,否则捕获了异常将其抛出后,而又不给予处理是没有意义的,最终程序会终止执行。

并不是在任何发生错误的情况下,都需要进行异常处理。对于那些可以避免的异常,则不需要使用。

例如下面的代码:注意输出一个 int 型数组中的元素,可以通过一个循环语句来实现,在进行循环时,可能会发生数组下标越界的异常,因此需要使用一个 try-catch 语句捕获并处理该异常。

```
Int[]num = {10,11,12};
try{
        for(int i = 0;i< = num.length;i + +){      //将抛出数组下标越界异常
                System.out.printIn(num[i]);
        }
}catch(Exception e){
    e.printStackTrace();               //输出异常描述信息
}
```

上述代码中 int 型数组 num 中有 3 个元素,分别为 num[0]=10、num[1]=11 和 num[2]=12,因此当输出 num[4]时抛出数组下标越界异常,程序被终止。但该类错误发生后只需要进行如下简单修改,程序就可以正确执行。

```
for(int i = 0;i<num.length;i + +){        //修改此处,修改为"i<num.length"
        System.outi.println(num[i]);
}
```

因此这类的错误就无须进行异常处理了,这也是 RuntimeException 类以及子类所描述的异常无须使用 try-catch 语句或者 throws 关键字捕获处理或抛出的原因。

另外,对于一些能够考虑到发生的错误,不要简单地通过 throws 关键字抛出一个异常。例如规定用户的输入要符合某规则,如果违反了规则就抛出了一个异常而不去处理,最好是来编写处理这类错误的代码,如可以通过 if 语句进行判断,这样可以使程序更具有可读性。

4.2.6 异常与错误

语法错误是程序代码的语法完整性缺陷,如语句的末尾忘记加分号等。

包含语法错误的程序是不能执行的,Eclipse 编程器的智能化水平非常高,能检测出程序中的所有语法错误。

逻辑错误是程序运行结果中发生的错误,如求一元二次方程实数根的程序,可能因为逻辑错误(如把求根公式写错了)而导致运行结果所得数据并不是待求方程的实数根。

对于逻辑错误,Eclipse 编程器基本上没有能力予以检测,而主要是靠编程者自己去解决。

包含逻辑错误的程序是可以正常运行的,但结果是错误的;对于刚刚编写完毕的程序,先要输入几组简单的数据,看程序运行结果是否和预期的正确结果相吻合,从而检查其是否有逻辑错误。

异常与错误不同,异常是指在程序运行过程中,用户的某种特殊操作或误操作导致程序无法继续运行下去。

如在本节例题的程序中,如果用户因为误操作而在程序运行过程中输入的数据不是"实数",而是任意一个英语单词,程序就无法继续运行下去了。

异常会导致软件在运行过程中"突然崩溃",例如操作系统软件的异常就是"死机"、"突然自动关机"、"莫名其妙的重启动"等现象的根源。

try{...}catch{...}语句与 Java 语言中的 if…else 条件语句逻辑关系类似,但运行原理不同。

(1) if…else 语句是当条件成立时,执行 if 语句块,否则就执行 else 语句块。

try{...}catch{...}语句则是首先执行 try 语句块中的程序代码,一旦遇到麻烦而导致无法继续执行下去时,再根据所遇到麻烦的种类来选择执行相应的 catch 语句块。就是说在试着执行 try 语句块中的代码过程中如果没有遇到麻烦,则所有 catch 语句块中的代码就都不再执行了。

(2) if…else 语句中的 if 可以单独使用(省略 else 语句块);而 try{...}catch{...}语句中的 catch 语句任何时候都不能省略,即 try 语句不能单独使用。

4.3 常见的异常类型

常见异常类如表 4-1 所示。

表 4-1 常见异常类列表

异常类名称	异常类含义
ArithmeticException	算术异常类
ArrayIndexOutOfBoundsException	数组下标越界异常类
ArrayStoreException	将与数组类型不兼容的值赋值给数组元素时抛出的异常
ClassCastException	类型强制转换异常类
ClassNotFoundException	未找到相应异常类
EOFException	文件已结束异常类
FileNotFoundException	文件未找到异常类
IllegalAccessException	访问某类被拒绝时抛出异常
InstantiationException	试图通过 newInstance() 方法创建一个抽象类或抽象接口的实例时抛出该异常
IOException	输入输出异常类
NegativeArraySizeException	建立元素个数为负数的数组异常类
NullPointerException	空指针异常类

续表

异常类名称	异常类含义
NumberFormatException	字符串转换为数字异常类
NoSuchFieldException	字段未找到异常类
NoSuchMethodException	方法未找到异常类
SecurityException	小应用程序(Applet)执行浏览器的安全设置禁止的动作时抛出的异常
SQLException	操作数据库异常类
StringIndexOutOfBoundsException	字符串索引超出范围异常

下面重点介绍一些最常用的异常。

(1) Java. lang. NullPointerException

这个异常大家肯定都经常遇到,异常的解释是"程序遇上了空指针",简单地说就是调用了未经初始化的对象或者是不存在的对象,这个错误经常出现在创建图片、调用数组这些操作中,比如图片未经初始化,或者图片创建时的路径错误等。对数组操作中出现空指针,很多情况下是一些刚开始学习编程的朋友常犯的错误,即把数组的初始化和数组元素的初始化混淆了。数组的初始化是对数组分配需要的空间,而初始化后的数组,其中的元素并没有实例化,依然是空的,所以还需要对每个元素都进行初始化(如果要调用的话)。

(2) Java. lang. ClassNotFoundException

这个异常是很多原本在JB等开发环境中开发的程序员把JB下的程序包放在WTK下编译经常出现的问题,异常的解释是"指定的类不存在",这里主要考虑一下类的名称和路径是否正确即可,如果是在JB下做的程序包,一般都是默认加上Package的,所以转到WTK下后要注意把Package的路径加上。

(3) Java. lang. ArithmeticException

这个异常的解释是"数学运算异常",比如程序中出现了除以零这样的运算就会出这样的异常,对这种异常,大家就要好好检查一下自己程序中涉及数学运算的地方,公式是不是有不妥了。

(4) Java. lang. ArrayIndexOutOfBoundsException

这个异常相信很多朋友也经常遇到,异常的解释是"数组下标越界",现在程序中大多都有对数组的操作,因此在调用数组的时候一定要认真检查,看自己调用的下标是不是超出了数组的范围。一般来说,显式(即直接用常数当下标)调用不太容易出这样的错,但隐式(即用变量表示下标)调用就经常出错了。还有一种情况是程序中定义的数组的长度是通过某些特定方法决定的,不是事先声明的,这个时候,最好先查看一下数组的length,以免出现这个异常。

(5) Java. lang. IllegalArgumentException

这个异常的解释是"方法的参数错误",很多J2ME的类库中的方法在一些情况下都会引发这样的错误,比如音量调节方法中的音量参数如果写成负数就会出现这个异常,再比如g. setColor(int red,int green,int blue)这个方法中的三个值,如果有超过255的也会出现这个异常,因此一旦发现这个异常,我们要做的,就是赶紧去检查一下方法调用中的参数传递是不是出现了错误。

(6) Java. lang. IllegalAccessException

这个异常的解释是"没有访问权限",当应用程序要调用一个类,但当前的方法没有对该类的访问权限时便会出现这个异常。对程序中用了 Package 的情况下要注意这个异常。

其他还有很多异常,就不一一列举了,要说明的是,一个合格的程序员需要对程序中常见的问题有相当的了解和相应的解决办法,若仅仅会写程序而不会改程序的话,则会极大影响自己的开发。关于异常的全部说明在 API 里都可以查阅。

4.4 自定义异常

通常使用 Java 内置的异常类就可以描述在编写程序时出现的大部分异常情况,但根据需要,有时要创建自己的异常类,并将它们用于程序中描述 Java 内置异常类所不能描述的一些特殊情况。下面就来介绍如何创建和使用自定义异常。

自定义的异常类必须继承自 Throwable 类,并且通常是继承 Throwable 类的子类 Exception 或者 Exception 类的子孙类。除了这一点之外,其余部分与创建一个一般类的语法相同。

自定义异常类在程序中使用,答题可分为以下几个步骤。

(1) 创建自定义异常类。

(2) 在方法中通过 throw 关键字抛出异常对象。

(3) 如果在当前抛出异常的方法中处理异常,可以使用 try-catch 语句捕获并处理;否则在方法的声明处通过 throws 关键字指明要抛出给方法调用者的异常,继续进行下一步操作。

(4) 在出现异常方法的调用者中捕获并处理异常。

如果自定义的异常类继承自 RuntimeException 异常类,则在第(3)步骤中,可以不通过 throws 关键字指明要抛出的异常。

下面通过一个实例来讲解自定义异常类的创建及使用。

在编写程序的过程中,如果希望一个字符串的内容全部是英文字母,但实际上其中包含其他的字符,此时就抛出一个异常。因为在 Java 内置的异常类中不存在描述该情况的异常,所以需要自定义该异常类。

(1) 创建该异常类,将其命名为 MyException,并继承 Exception 类。其代码如下:

```
package com.yxq.example;
public class MyException extends Exception{      //自定义异常类 MyException 继承 Exception 类
    privateString content;
    public MyException(String content){          //构造方法
        this.content = content;
    }
    public String getContent(){                  //获取描述信息
        return this.content;
    }
}
```

(2)在 Example 类中创建一个带有 String 型参数的方法 check(),该方法用来检查参数中是否包含英文字母以外的字符。如果包含,则通过 throw 关键字抛出一个 MyException 异常对象给 check()方法的调用者 main()方法。Example 类中 check()方法的代码如下:

```
package com.yxq.example;
public class Example{
    public static void check(String str) throws MyException{    //该方法要通过 throws 关键字指明要抛出的异常
        char a[] = str.tuCharArray();
        int i = a.length;
        for(int k = 0;k<i-1;k++){
            //如果当前元素是英文字母以外的字符
            if(!(a[k]>=65&&a[k]<=90)||a[k]<=97&&a[k]<=122))){
                //抛出 MyException 异常类对象
                throw new MyException("字符串\""+str+"\"中含有非法字符!");
            }
        }
    }
    public static void main(Sring[] args){
        ...//省略了 main()方法代码
    }
}
```

(3)在 main()方法中调用 check()方法,并捕获异常进行处理,mail()方法的代码如下:

```
public static void main(String[]args) {
    String str1 = "HellWorld ";
    String str2 = "Hell! MR! ";
    try{
        check(str1);              //调用 check()方法,判断 str1 变量储存的字符串是否合法
        check(str2);              //执行该行代码时,抛出异常
    }catch(MyException e)}        //捕获 MyException 异常
        System.out.printLn(e.gte Content())    //输出异常描述信息
    }
}
```

运行 Example 类的结果如下:
字符串"Hell! MR!"中含有非法字符!

4.5 本章小结

软件是一种商品,因此用户对它最有评价权,然而用户在使用软件的过程中偶尔会发生误操作,但这种误操作不应使得程序因为运行不下去而莫名的死机。所以编程人员在设计

程序过程中就应该考虑到异常处理。

本章通过一个例子来引入异常处理,介绍了异常的概念,并重点介绍了异常处理的编程步骤,并且介绍了一些常用的异常类型,如果这些都不能满足实际的项目开发,读者还可以自定义异常。

思 考 题

在4.1节的计算器程序里,一旦用户输入错误类型数据程序就会报错,添加了异常处理后当用户输入错误数据类型后会弹出文本框提示信息,虽然不再报错,但是程序不会再接着往下执行,要求用户可以无限制地输入数据,如果输入数据错误,则先弹出错误提示框,然后再接着弹出需用户重新输入的文本框,一直到用户输入正确的数据类型,计算出结果为止。

中级游戏篇

第5章 文本与绘图

5.1 设置颜色

首先需要说明的是,Applet 程序分背景色和前景色,我们可以使用 Component 类(Applet 的父类)中的 setBackground()方法来改变背景色,使用 Graphics 类中的 setColor()来改变前景色,它们的原型如下:

Public void setBackground(Color c)

Public void setColor(Color c)

两个函数都只接受一个 Color 参数,Color 类代表一个由红(Red)、绿(Green)、蓝(Blue)三原色所组成的颜色,也就是我们通常提到的 RGB 三原色,此类位于 java.awt 类套件中,其中有一些预先定义好的颜色常量,如表 5-1 所示。

表 5-1 Java.awt.Color 类中预先定义的颜色

变量	颜色
Public static final Color black	黑色
Public static final Color cyan	青绿色
Public static final Color gray	灰色
Public static final Color lightgray	浅灰色
Public static final Color orange	橘色
Public static final Color red	红色
Public static final Color yellow	黄色
Public static final Color blue	蓝色
Public static final Color darkGray	深灰色
Public static final Color green	绿色
Public static final Color magenta	洋红色
Public static final Color pink	粉红色
Public static final Color white	白色

这些预先定义好的颜色常量可以直接在程序中使用,它们都是 Color 类的静态(Static)

数据成员,也就是说我们可以直接指定类名称来使用这些常量,而无须先建立对象。

使用方法如下:

setBackground(Color.green);

Color 类也允许我们自行指定 RGB 值来建立颜色对象,在建立颜色对象时还可以设置颜色的透明度(Transparency),我们只要在其构造函数中传入代表三原色 RGB 值和透明度的参数值即可。

```
public Color(int r,int g,int b)        //设置三原色
public Color(int r,int g,int b,int a)  //可设置透明度
```

其中 r、g、b、a 范围都是 0~255,a 代表透明度,255 代表不透明,128 代表半透明,0 代表完全透明。

虽然 Applet 在显示颜色时可以进行透明度的设置,但是 Internet Explorer 并不支持,所以如果我们设置了颜色的透明度,则 Internet Explorer 将无法正常运行。

使用方法如下:

```
Color c;
c = new Color(250,250,255);
setBackground(c);
```

或者

```
setBackground(new Color(250,250,250));
```

5.2 文本输出

在了解了颜色的设置之后,下面来介绍如何精确地设置字符串绘制的位置,使用何种字体、字体模式和大小等。

5.2.1 字符串输出

了解如何精确地设置字符串绘制的位置在游戏设计中是非常重要的,在游戏的开始画面和结束画面经常要在 Applet 程序中绘制字符串,例如在游戏结束时我们可能想在屏幕上显示出字符串"Game Over",在游戏进行中也常常会使用字符串来显示游戏的状态,例如得分状况、关卡数等。

Graphics 类提供了字符串输出的方法,字符串绘制的位置是由传入 drawString()方法的后两个参数来决定,它们是字符串显示的坐标位置,使用方式如下:

```
public void drawString(String str,int x,int y)    //Graphics 类方法成员
```

其中 str 为要输出的字符串,x、y 是要输出的字符串的具体位置。例如:

```
g.drawString("你好!",10,30);
```

5.2.2 设置字体

Graphics 类提供了设置字体的方法:

```
public void setFont(Font font)
```

在 setFont()方法的参数中,必须传入一个 Font 类对象,Font 类对象代表一种字体,其构造函数为:

Public Font(String name,int style,int size)

其中 name 为字体名称,style 为字体模式。

字体模式有:粗体(BOLD)、斜体(ITALIC)、一般模式(PLAIN),我们也可以把几种字体模式相组合。

使用方法:

Font f;
f = new Font("粗斜体",Font.BOLD + Font.ITALIC,36);
g.setFont(f);
g.drawString("你好!",10,30);

用 drawString()方法输出字符串时,可以通过输入 x、y 值来指定输出字符串的位置。

但是如果想在显示区域的正中央显示"Game Over"字符串,该如何计算 x、y 值呢?

这涉及一些坐标位置计算的问题,首先要知道"Game Over"字符串显示在屏幕上的宽度与高度才行。

首先讨论字符串绘制的细节,如图 5-1 所示。

图 5-1　字符串绘制细节

① Baseline——字符串绘制的基地线。
② Ascent——自基地线向上延伸的最大距离。
③ Descent——自基地线向下延伸的最大距离。
④ Leading——行距。
⑤ Height——字符串高度,相当于 Ascent+Descent+Leading。
⑥ Width——字符串宽度。

请注意绘制字符串的坐标位置是在 Baseline 和字符串左边缘的交汇点,那么我们该如何取得字符串的以上属性值呢?Java.awt 类包中的 FontMetrics 类可以帮助我们取得字符串的属性值。

(1) 先使用 Graphics 类的 getFontMetrics()方法来取得 FontMetrics 类的实例。

(2) 然后再使用下面的方法来取得需要的字符串属性。

```
public int getAscent()          //取得字符串的 Ascent
public int getDescent()         //取得字符串的 Descent
public int getLeading()         //取得字符串的 Leading
public int getHeight()          //取得字符串的 Height
public int stringWidth()        //取得字符串的 Width
```

(3) 利用以上几个方法就可以取得字体的相关信息,然后再用 getSize()方法来取得绘图显示区域的大小,这样就可以计算出显示字符串的位置。下面的程序将示范如何将字符串居中显示在显示区域内。

```
FontMetrics FM;
int Ascent,Descent,Width,AppletWidth,AppletHeight,x,y;
AppletWidth = getSize().width;
```

```
AppletHeight = getSize().height;
g.setFont(new Font("粗体",Font.BOLD,32));
FM = g.getFontMetrics();
Ascent = FM.getAscent();
Descent = FM.getDescent();
Width = FM.stringWidth("Game Over ");
X = (AppletWidth-width)/2;
Y = (AppletHeight-(Ascent + Descent))/2 + Ascent;
g.drawString("Game Over ",X,Y);
```

5.3 绘制图形

除了绘制字符串之外，Graphics 类还有一组可用来绘制简单 2D 图形的方法，如表 5-2 所示。

表 5-2　Graphics 类的绘图方法

名称	描述
public void drawString(String str,int x,int y)	绘制字符串
public void drawLine(int x1,int y1,int x2,int y2)	在(x1,y1)与(x2,y2)两点之间绘制一条线段
public void drawRect(int x, int y, int width, int height)	用指定的 width 和 height 绘制一个矩形，该矩形的左上角坐标为(x,y)
public void fillRect(int x,int y,int width,int height)	用指定的 width 和 height 绘制一个实心矩形，该矩形的左上角坐标为(x,y)
public void clearRect(int x, int y, int width, int height)	用指定的 width 和 height，以当前背景色绘制一个实心矩形。该矩形的左上角坐标为(x,y)
public void drawRoundRect(int x,int y,int width,int height,int arcWidth,int arcHeight)	用指定的 width 和 height 绘制一个圆角矩形，圆角是一个椭圆的 1/4 弧，此椭圆由 arcWidth、arcHeight 确定两轴长。其外切矩形左上角坐标为(x,y)
public void fillRoundRect(int x,int y,int width,int height,int arcWidth,int arcHeight)	用当前色绘制实心圆角矩形，各参数含义同 drawRoundRect
public void draw3DRect(int x,int y,int width,int height,boolean b)	用指定的 width 和 height 绘制三维矩形，该矩形左上角坐标是(x,y)，b 为 true 时，该矩形是突出的，b 为 false 时，该矩形为凹陷的
public void fill3DRect(int x,int y,int width,int height,boolean b)	用当前色绘制实心三维矩形，各参数含义同 draw3DRect
public void drawPolygon(int [] xPoints,int [] yPoints,int nPoints)	用 xPoints,yPoints 数组指定的点的坐标依次相连绘制多边形，共选用前 nPoints 个点

续表

名称	描述
public void fillPolygon(int[] xPoints,int [] yPoints, int nPoints)	绘制实心多边形,各参数含义同 drawPolygon
public void drawOval(int x, int y, int width, int height)	用指定的 width 和 height,以当前色绘制一个椭圆,外切矩形的左上角坐标是(x,y)
public void fillOval(int x,int y,int width,int height)	绘制实心椭圆,各参数含义同 drawOval
public void drawArc(int x,int y,int width,int height, int startAngle,int arcAngle)	绘制指定 width 和 height 的椭圆,外切矩形左上角坐标是(x,y),但只截取从 startAngle 开始,并扫过 arcAngle 度数的弧线
public void fillArc(int x,int y,int width,int height, int startAngle,int arcAngle)	绘制一条实心弧线(即扇形),各参数含义同 drawArc

从上表发现绘图函数基本分为两组,一组是以 draw 为前缀,另一组以 fill 为前缀,但是它们的参数基本相同,差别就是一组以前景色画框,另一组是以前景色绘制填充图形。

本小节介绍了在 Java 中绘制 2D 图形的基本方法,其实 Java 还有一个 Graphics 2D 类专门用来绘制 2D 图形,它可以完成更复杂的 2D 效果,如笔刷、渐层、材质等,相应所需的美术知识也较多,若您有兴趣,可以参考专门介绍 Java 2D 绘图的书籍。事实上 Graphics 类就可以完成许多绘图效果,重点在于如何组合这些基本的绘图方法。

要求使用各种颜色绘制文字和各种图形,效果如图 5-2 所示。

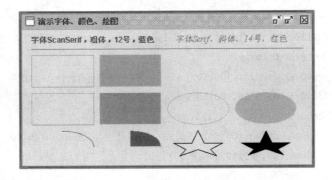

图 5-2　GUI 绘图

代码提示:

```
package zhangli;
import java.applet.Applet;
import java.awt.Color;
import java.awt.Font;
import java.awt.Graphics;
import java.awt.Image;
public class GUI extends Applet {
    int xValues[] = {250,280,290,300,330,310,320,290,260,270};
```

```java
        int yValues[] = {210,210,190,210,210,220,230,220,230,220};
        int xValues2[] = {360,390,400,410,440,420,430,400,370,380};
        public void init()
        {
            setSize(800,600);
        }
        public void paint(Graphics g)
        {
            g.setFont( new Font( "SansSerif ",Font.BOLD,12 ) );
            g.setColor(Color.blue);                          //设置颜色
            g.drawString("字体 ScanSerif,粗体,12号,蓝色",20,50);
            g.setFont( new Font( "Serif ",Font.ITALIC,14 ) );
            g.setColor(new Color(255,0,0));
            g.drawString( "字体 Serif,斜体,14号,红色",250,50 );
            g.drawLine(20,60,460,60);                        //绘制直线
            g.setColor(Color.green);
            g.drawRect(20,70,100,50);                        //绘制空心矩形
            g.fillRect(130,70,100,50);                       //绘制实心矩形
            g.setColor(Color.yellow);
            g.drawRoundRect(240,70,100,50,50,50);//绘制空心圆角矩形
            g.fillRoundRect(350,70,100,50,50,50);            //绘制实心圆角矩形
            g.setColor(Color.cyan);
            g.draw3DRect(20,130,100,50,true);   //绘制突起效果空心矩形
            g.fill3DRect(130,130,100,50,false); //绘制凹陷效果实心矩形
            g.setColor(Color.pink);
            g.drawOval(240,130,100,50);                      //绘制空心椭圆
            g.fillOval(350,130,100,50);                      //绘制实心椭圆
            g.setColor(new Color(0,120,20));
            g.drawArc(20,190,100,50,0,90);                   //绘制一段圆弧
            g.fillArc(130,190,100,50,0,90);                  //绘制扇形
            g.setColor(Color.black);
            g.drawPolygon(xValues,yValues,10);               //绘制空心多边形
            g.fillPolygon(xValues2,yValues,10);              //绘制实心多边形
        }
    }
```

5.4 本章小结

事实上2D游戏可看作是各种2D图形图像的移动绘制和显示,而Java语言在2D图形图像的绘制方面提供了便捷有力的技术支持。本章首先介绍Java颜色的设置和文本的输

出，其中重点介绍了文本输出的细节，接下来介绍了一些常用的图形绘制函数，这些都是做游戏开发的基础。

思 考 题

1. 如何能用另一种方法画出图 5-2 所示的填充扇形？
2. 如何能用精确的算法画出规则的正五角形？

第6章 Java图像处理

6.1 Java支持的图像类型

了解Applet程序支持的图像类型是比较重要的一件事,使用错误的图像类型会使Applet程序无法正常显示。目前在Java Applet程序中最广为采用的是GIF和JPEG图像类型,这也是因为兼容性的问题,它们可以被所有支持Java的平台所支持。

在Java中还不能用直接指定颜色或以屏蔽的方式来制作透明的背景图,所以如果需要透明背景的图片,在开发游戏时最好采用GIF图像,因为GIF图像支持透明效果。如果所使用的GIF图像本身已经设置了透明颜色,则在绘图时图像是透明的。

使用GIF的缺点就是图像只有256色,无法展现真彩的效果,所以通常采用JPEG图像作为背景图片,而人物角色则使用GIF图像。

6.2 静态图像

6.2.1 获取图像

Applet内嵌于网页中,所以要显示Applet程序中的图像,就必须通过因特网来取得。也就是说如果在游戏中使用了10张图像,那么这10张图像在游戏运行前就必须通过因特网下载到本地计算机中。

取得图像必须使用Applet类中的getImage()方法,它的使用方式如下所示:

public Image getImage(URL url,String name)

在实际应用过程中,我们通常采用以下的方式:

getImage(getCodeBase(),"Images/1.gif");

其中getCodeBase()的作用是获得Java程序存放的地址,函数原型如下所示:

public URL getCodeBase();

Images文件夹是专门存放图片资源的地方,放在src根目录下,名字分别为1.gif、2.gif或者其他。

6.2.2 绘制图像

接下来看看如何在 Applet 程序中绘制图像，绘制图像同样是使用 Graphics 类中的方法，如下所示：

（1）public boolean drawImage(Image img,int x,int y,ImageObserver observer)

（2）public boolean drawImage(Image img,int x,int y,int width,int height,ImageObserver observer)

请注意 drawImage()方法的参数，第一行和第二行的差异在于 width 和 height 参数，它们用来指定目的图像的显示大小。第一个没有指定图像大小，那么会默认以图片本身大小显示，第二个指定了大小，就会以指定大小来显示图片。

参数 ImageObserver 是一个接口，当在 Applet 程序中使用 drawImage()方法绘制图像时，必须使用此接口中定义的成员来取得图像绘制的信息。Applet 类实现此接口，并且绘制图像的目的也是在 Applet 程序中，因此这个参数在 Applet 程序中通常是传入 Applet 本身，也就是直接使用 this 关键字。

接下来要求写一个 Applet 程序，以天空为背景，飞机飞行的场景，效果如图 6-1 所示。

图 6-1 绘制场景与角色

要注意图像的深度问题，由于飞机在最上层，因此必须在绘制背景后再绘制飞机，否则飞机就永远不会现身了。

代码提示：

```
package zhangli;
import java.applet.Applet;
import java.awt.Graphics;
import java.awt.Image;
public class UseImage extends Applet {
    int      AppletWidth,AppletHeight,Ascent,Descent,StringWidth,X,Y;
    Image    Bg,Ship1;
    public void init()
    {   this.setSize(400,300);
```

```
        //指定必须取得的图像
        Bg    = getImage(getDocumentBase(),"Images/1.gif");
        Ship1 = getImage(getDocumentBase(),"Images/2.gif");
    }
    public void paint(Graphics g)
    {   g.drawImage(Bg ,0,0,400,300,this);
        g.drawImage(Ship1 ,20,140,80,80,this);
    }
}
```

6.2.3　图像追踪原理

在正式开始介绍如何在 Applet 程序中追踪图像前,必须先了解何谓"图像追踪"以及为何要追踪图像。

在游戏中,往往会运用到大量的图像,Applet 游戏也是如此,然而 Applet 游戏中所使用的图像必须通过因特网来下载,这样就会对游戏的运行造成一些影响,例如网络塞车、指定图像无法下载等。

所以在 Applet 游戏开始运行前必须确定所有游戏中需要使用到的图像都已经正确无误地下载到了玩家的计算机上,否则游戏可能会无法运行或者画面支离破碎。试想一下,假如你在玩一个设计游戏,有可能你所操控的战机莫名其妙的就毁坏了,其原因就是有些图像未被加载。

但是,你可能觉得奇怪,上一节中的范例程序也没有使用图像追踪技术,运行起来不是也很正常吗?那是因为我们只加载了两张图像,并且是在本地计算机上测试,因此根本无法觉察出来。

并且你应该了解图像加载的过程,当使用 getImage() 方法取得图像时,并不会真正将图像下载下来,图像被下载的真正时刻是在程序中第一次需要操作此图像时,在前一个范例程序中就是当 drawImage() 方法被调用时。

这就是必须在程序中追踪图像的理由,因为游戏绝不可能当第一次调用 drawImage() 方法时才开始下载图像。为了确保游戏可以正常的运行,必须确认不缺少任何必要的图像,所以最好使用图像追踪技术。

在 Java.awt 类套件中的 MediaTracker 类可以帮助我们在程序中追踪图像。要建立 MediaTracker 类实例,可以使用其构造函数,如下所示:

public MediaTracker(Component comp)

构造函数接受一个 Component 类的参数,此参数表示被追踪的图像将要绘制的位置,就如同绘制图像时所必须传入的参数。你应该已经想到在 Applet 程序中该传入什么了,答案是 this。

在建立好类实例后,接着就是将要被追踪的图像加入到 MediaTracker 类的追踪清单中,这可以使用 addImage() 来实现。

```
public void addImage(Image image,int id)
public void addImage(Image image,int id,int w,int h)
```

参数 Image 是要被追踪的图像；参数 id 是图像在追踪清单中的位置，数值越小表示将会被先追踪(最小指定为 0)。我们也可以将多张图像指定同一个 id，以形成一个图像追踪集合。第二行的参数 w 和 h 用来调整欲加载图像的宽度和高度。

当将所有要被追踪的图像加入到追踪清单之后，接下来便是要求 MediaTracker 根据此清单来下载图像，此操作会"冻结"程序直到所有的图像下载完毕，我们可以使用以下的方法来实现。

```
public void waitForAll() throws InterruptedException
public void waitForID(int id) throws InterruptedException
public void waitForAll(long ms) throws InterruptedException
public void waitForID(int id,long ms) throws InterruptedException
```

基本上有两组方法可以使用，一组用来等待所有的图像(waitForAll()方法)，另一组用来等待追踪清单中的特定图像(waitForID()方法)。参数 ms 用来指出等待图像下载的时间(单位是毫秒)，过了这段时间，程序将结束冻结状态，而不管图像是否下载完毕，继续执行接下来的程序代码。

虽然 waitForAll()和 waitForID()会等待所有的图像下载，但它们并不能保证所有的图像都被正确地下载完毕，事实上当图像在下载与调整大小的过程中发生了任何错误，这两个方法还是会认为此图像已经正确地下载完毕。

为了解决这个问题，我们只好再多做一道检查手续。一张图像在下载的过程中可能会有四种状态，即加载中断、加载错误、正在加载和加载完成，如表 6-1 所示。

表 6-1 MediaTracker 类中定义的图像状态常量

常量	含义
Public static final int ABORTED	加载中断
Public static final int ERRORED	加载错误
Public static final int LOADING	正在加载
Public static final int COMPLETED	加载完成

将这四种状态搭配以下的函数就可以对指定下载的图像进行检查。

```
public int statusAll(Boolean load)
public int statusAll(int id,Boolean load)
```

其中参数 load 用来设置是否要下载追踪清单中的图像。例如若调用 statusAll(true)，则表示要下载清单中的图像并返回图像下载的状态。

```
//如果图像下载发生任何错误的话...
if((MT.statusAll(false) & MediaTracker.ERRORED)  ! = 0)
{...}
```

6.2.4 图像追踪范例

要求：试着将图像追踪技术加入到程序中，并加以测试。如果图像下载发生错误，在网页正中央显示"加载图像发生错误"。效果如图 6-2 和图 6-3 所示。

图 6-2　正常显示场景和角色

图 6-3　图片加载发生错误时的提示

提示：掌握如何在网页正中央显示字符串，如果想要测试图像加载失败的程序代码，可以将任意一个欲加载图像的文件名改变即可。

注意：检查图像状态方法使用的语句是 if((MT.statusAll(false) & MediaTracker.ERRORED)!=0){...}。只要 statusAll()函数的返回值和图像状态常量进行 & 运算的结果不为 0，就表示图像目前处于错误状态，这时执行 if 区块中的程序代码，居中显示错误信息。

回顾一下 waitForAll()函数和 waitForID()函数的声明，其中的 throws InterruptedException 字符串表示这两组函数有可能会因为被中断(interrupt)而引发(throw) InterruptedException 类的异常，所以要用 try-catch 语句捕获异常。

代码如下：

```
package zhangli;
import java.applet.Applet;
import java.awt.Color;
import java.awt.FontMetrics;
import java.awt.Graphics;
import java.awt.Image;
import java.awt.MediaTracker;
public class UseMediaTracker extends Applet
{    int    AppletWidth,AppletHeight,Ascent,Descent,StringWidth,X,Y;
    Image  Bg,Ship1,Ship2,Plane1,Plane2;
    MediaTracker MT;
    public void init()
    {
      this.setSize(400,300);
      AppletWidth   = getSize().width;     //取得 Applet 的显示宽度
```

```java
    AppletHeight = getSize().height;    //取得 Applet 的显示高度
    //指定必须取得的图像
    Bg    = getImage(getDocumentBase(),"Images1/1.gif");
    Ship1 = getImage(getDocumentBase(),"Images/3.gif");
    Ship2 = getImage(getDocumentBase(),"Images/4.gif");
    Plane1 = getImage(getDocumentBase(),"Images/5.gif");
    Plane2 = getImage(getDocumentBase(),"Images/6.gif");
    MT = new MediaTracker(this);    //建立 MediaTracker 类实体
    //将必须取得的图像加入追踪清单中
    MT.addImage(Bg     ,0);
    MT.addImage(Ship1  ,0);
    MT.addImage(Ship2  ,0);
    MT.addImage(Plane1,0);
    MT.addImage(Plane2,0);
    try
    {
        showStatus("图像加载中...");    //在状态列显示信息
        MT.waitForAll();                //等待所有图像下载
    }
    catch(InterruptedException E){ }
}
public void paint(Graphics g)
{   //如果图像下载发生任何错误的话...
    if((MT.statusAll(false) & MediaTracker.ERRORED) != 0)
    {   FontMetrics FM = g.getFontMetrics();
        Ascent     = FM.getAscent();
        Descent    = FM.getDescent();
        StringWidth = FM.stringWidth("加载图像发生错误...");
        X = (AppletWidth - StringWidth) / 2;
        Y = (AppletHeight - (Ascent + Descent)) / 2 + Ascent;
        setBackground(Color.black);              //背景设为黑色
        g.setColor(Color.white);                 //字符串设为白色
        g.drawString("加载图像发生错误...",X,Y);  //置中显示字符串
        return;                                  //结束函数执行
    }
    //如果正确下载所有图像则将所有图像绘制在 Applet 中
    g.drawImage(Bg ,0,0,400,300,this);
    g.drawImage(Ship1 ,20,140,80,80,this);
    g.drawImage(Ship2 ,180,140,80,80,this);
    g.drawImage(Plane1,30,10,100,100,this);
    g.drawImage(Plane2,250,50,50,50,this);
}
}
```

6.3 动态图像

6.3.1 动画的原理

动画制作是游戏设计的基础,所有的游戏都是从基础的动画延伸而来,因此了解 Java 的绘图方法是游戏制作的第一步,而第二步就是了解动画的制作原理,并在 Applet 程序中实现动画。

(1) 视觉暂留

所谓的"视觉暂留"指的是人的眼睛和大脑联合起来欺骗所产生的错觉,当有一连串的静态图像在人的面前快速循环播放时,只要图像之间的变化比较小、播放的速度够快,人就会因为视觉暂留而产生图像变化的错误,这就是动画的原理。

动画只不过是快速播放的图像罢了,然而到底该以多快的速度来播放动画呢?即在何种播放速度下会使人产生视觉暂留呢?以电影而言,其播放速度为每秒 24 个静态画面,这样的速度不但足以令人产生视觉暂留,而且还会令人觉得画面非常流畅,没有延迟现象。

图像播放速度的单位为 FPS(Frame Per Second),也就是每秒可播放的帧(Frame)数,每一帧就是一个静态图像。电影的播放速度为 24FPS,这是不是意味着游戏也该采用此播放速度呢?答案是不一定。我们可以采用更高或更低一些的播放速度,基本上 10~12FPS 就已经足以产生视觉暂留,但在 Windows 多任务系统下,在浏览器中播放动画的 Applet 程序只要稍微被其他程序干扰就可能会产生画面的延迟。

不过也不是一味地调高 FPS 就可以解决所有的问题,事实上 Applet 程序所能接受的 FPS 有一定的上限,过高的 FPS 并不能保证带来好的效果,而且还应该考虑到玩家的计算机配置,在进行游戏测试时应多在不同的计算机上执行,以设置最佳的动画播放速度。

(2) 设置合理的 FPS

在介绍该如何确定合理的 FPS 前,我们需要先了解 FPS 和 Applet 显示大小的关系。一般 Applet 显示的区域越大,计算机处理时所耗费的资源就越多,这也就是为什么一些 Java 网络游戏的显示区域都非常小(棋牌类的游戏会大一些),尤其是那些含有大量动画的游戏。

Java 解释型的执行方法在先天上造成很大的运行速度限制,因此想要使用较高的 FPS,就必须在显示大小上做出牺牲,也就是说在决定 FPS 前,最好先确定 Applet 的显示大小。有一个比较好的方法,那就是提供给玩家不同级别的显示方式,这个道理就如同在 PC Game 上供玩家选择游戏画面为 640×480、1024×668 或更高的分辨率一样。我们建议画面大小为 640×480 的游戏采用 12FPS 的速率,画面大小为 480×320 的游戏采用 18FPS,画面大小为 320×320 的游戏采用 24FPS 速率。

简单地说,可以提供多种设置供玩家选择,或者干脆在游戏中设置选项让玩家自行调整,以达到最佳的显示状态。

另一个必须了解的名词为 SPF(Second Per Frame),它是 FPS 的倒数,即
SPF=1/FPS

也就是说 24FPS 约等于 0.046SPF。这个换算公式虽然简单，却很重要，因为在程序设计时，如果要让程序每秒播放 24 帧，就必须告诉程序每隔 0.046 秒(46 毫秒)播放一帧。

(3) 动画的类型

在本书中我们将动画分为两种不同的类型，即帧动画和游戏动画。这两种类型是动画的典型代表。帧动画就是类似于电视、电影的动画，制作帧动画比较简单，只要播放流畅即可，我们可以把帧动画看成是连续播放静态图像。

和帧动画相比，游戏动画就复杂多了，游戏在进行时不可能一直"旧戏重演"，游戏的状态会根据玩家的操作而有所不同，而又不可能为每一个可能的画面都绘制一张静态图像，否则就会有成千上万的图像，恐怕会让硬盘承受不起。

游戏动画的制作方式是运用连续绘制图像的技巧。在 6.2 节中已经讲到在碧海蓝天中绘制了飞机，这就是运用图像绘制的技巧。如果想让这些静态图像动起来，只要在 drawImage() 方法中改变图像的坐标，然后再绘制一次图像就可以了。只要 Applet 程序重新绘制图像的速度够快，就会感觉画面动了起来。

在游戏中以绘制图片的方式绘制画面，我们将其称为"贴图"，也就是说将绘图区域当作一个贴图板，然后将背景、角色等一一贴上，下一个画面开始时再根据动画需求改变贴图的位置，事实上改变坐标只是以贴图制作动画的一个基本方式，我们将会在后续章节中介绍一些高级的绘制动画算法。

在本节中我们对动画的原理做了一些基本的介绍，归纳起来就是"动画是静态图像快速循环播放时因视觉暂留所造成图像改变的幻觉"，在 6.3.2 节中我们将进入动画程序的实现部分，介绍一些关于动画实现时的细节。

6.3.2 让图像动起来

现在让我们回想一下动画的原理，简单地说就是将一连串的图像快速地循环播放，这在程序中该如何实现呢？最简单的方法就是使用循环，不断地循环播放图像。如果要控制动画的播放速度，我们可以控制线程的执行时间。

还记得 SPF 的意义吗？只要在程序中设置好 SPF，并且让程序每间隔 SPF 就播放下一张图像就可以了。当然，这里所说的例子是帧动画，无论想让动画重复播放几次，都可以通过循环来实现，其方法如下所示：

```
while(是否继续播放 == true)
{
        绘制目前图像；
        暂停 SPF；
        if(目前图像 == 最后一张图像)
            目前图像 = 第一个图像；
        else
            将下一个图像指定为目前图像；
}
```

在绝大部分的游戏中，动画都是利用一个 while 循环来实现的，不过事实上并不一定要使用 while 语句，凡是可以形成重复执行的语句都可以用来制作动画。以上的动画循环只能播放帧动画，如果要播放的是游戏动画，只要将其稍加修改即可。

现在我们来讨论一下这个循环的执行流程，以八张用来呈现眼睛转动的图像为例，假设我们从第一张图像开始播放（目前图像），当第一次进入循环时绘制第一张图像，同时暂停 SPF 并将第二张图像指定为目前图像，依此类推，当在绘制第八张图像时（最后一张图像），便把第一张图像指定为目前图像，然后再继续执行下去。这样画面就动起来了。

在实现动画时有两个问题必须解决，第一个问题是该如何要求 Applet 程序绘制图像；第二个问题是该如何使 Applet 程序暂停 SPF 的执行时间。

在 Applet 程序中绘制图像必须通过 paint()函数，此函数一般在 Applet 程序必须被重新绘制时（例如窗口最大/最小化）调用，但也可以主动调用此函数，不过不是直接调用 paint()函数，而是调用 repaint()函数，其函数原型如下所示：

```
public void repaint()

public void repaint(int x,int y,int width,int height)
```

repaint()函数是 Component 类的函数成员，第一个 repaint()函数会重绘整个 Applet 的显示区域，而第二个 repaint()则会重绘指定的 Applet 的显示区域。

有人可能会认为多此一举，为什么不直接调用 paint()函数，反而要调用 repaint()函数，然后通过 repaint()函数再间接调用 paint()函数呢？事实上当调用 repaint()函数时，此函数会尽可能地以最快的速度调用 update()函数。

```
public void update(Graphics g)
```

update()函数也是 Component 类的函数成员，此函数会依序执行以下的操作：

（1）将前景色指定为背景颜色。

（2）绘制和 Applet 显示区域一样大的实心矩形。

（3）将前景色还原。

（4）调用 paint()函数。

由此可以看出，update()方法只做两件事：清除 Applet 显示区域（以背景颜色填充）和调用 paint()函数。

可以说，paint()是最原始的操作，update()则允许在它之上对它的外观进行一些定制，repaint()则偏重于定制调用的方式：可以在指定时间间隔后进行重画，也可以在指定区域内绘制组件。

paint、repaint、update 三个方法的关系如图 6-4 所示。

关于让 Applet 程序暂停执行一段时间的问题涉及线程的概念。可以先用一个简单的函数来实现其功能：

```
Thread.sleep(125);
```

那么我们的动画制作原理可以用如下伪代码表示：

```
paint(){
    绘制目前图像;drawImage(...);
```

```
            暂停 SPF;//   Thread.sleep(125);
            If(目前图像 = = 最后一张图像)
                目前图像 = 第一个图像;
            else
                将下一个图像指定为目前图像;
                强制重绘;//repaint();
}
```

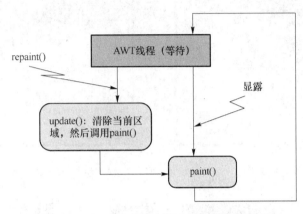

图 6-4　paint、repaint、update 三个方法的关系

6.3.3　小鸡破壳而出动画

要求：根据给定的五幅图片制作成连续的动画，形成小鸡破壳而出的有趣动画，如图 6-5、图 6-6、图 6-7、图 6-8、图 6-9 所示。小鸡破壳而出的五幅图片命名为 chicken0.jpg～chicken4.jpg。

图 6-5　第 1 帧动画

图 6-6　第 2 帧动画

图 6-7 第 3 帧动画

图 6-8 第 4 帧动画

图 6-9 第 5 帧动画

代码如下：

package zhangli;

import java.applet.Applet;

import java.awt.Color;

import java.awt.FontMetrics;

import java.awt.Graphics;

import java.awt.Image;

import java.awt.MediaTracker;public class FirstAni extends Applet {

```java
    int    AppletWidth,AppletHeight,Ascent,Descent,StringWidth,X,Y;
    int    currentImage;                //目前图像
    Image   Animation[];                //动画图像
    MediaTracker MT;                    //图像追踪器
public void init()
  {
      currentImage = 0;                 //指定目前图像为第一张图像
      Animation    = new Image[5];      //与使用八张动画图像
      MT           = new MediaTracker(this);
      for(int i = 0;i<5;i++)            //注意此循环中的程序代码
      { Animation[i]
          = getImage(getCodeBase(),"images2/chicken " + i + ".jpg");
          MT.addImage(Animation[i],0);  }
      try {
            MT.waitForAll();
      } catch (InterruptedException e) {
           e.printStackTrace();
      }
  }
public void paint(Graphics g){
    if((MT.statusAll(false) & MediaTracker.ERRORED)   ! = 0)
      {
          FontMetrics FM = g.getFontMetrics();
          Ascent      = FM.getAscent();
          Descent     = FM.getDescent();
          StringWidth = FM.stringWidth("加载图像发生错误...");
          X = (AppletWidth - StringWidth) / 2;
          Y = (AppletHeight - (Ascent + Descent)) / 2 + Ascent;
          setBackground(Color.black);           //背景设为黑色
          g.setColor(Color.white);              //字符串设为白色
          g.drawString("加载图像发生错误...",X,Y);  //置中显示字符串
          return;                               //结束函数执行
       }
g.drawImage(Animation[currentImage],50,10,230,240,this);
     try {
     Thread.sleep(500);
} catch (InterruptedException e) {
     e.printStackTrace();   }
if(currentImage = = 4)
     currentImage = 0;
else
```

```
            currentImage = currentImage + 1;
    repaint();
}}
```

6.3.4　自由女神动画

要求：根据给定的八幅图片制作成连续的动画，形成自由女神眼睛转动的动画，如图 6-10、图 6-11、图 6-12 所示。自由女神八幅图片命名为 Freedom1.gif～Freedom8.gif。

图 6-10　第 1 帧动画

图 6-11　第 3 帧动画

图 6-12　第 5 帧动画

提示：请根据上一节中小鸡破壳而出的动画完成本节自由女神动画。两组图片命名其实顺序不一样，图片类型不一样，因此获取图片时代码有所区别。

```
for(int i=0;i<8;i++)            //注意此循环中的程序代码
    {
    Animation[i]
    =getImage(getCodeBase(),"images2/Freedom"+(i+1)+".gif");
    MT.addImage(Animation[i],0);
    }
```

6.4 本章小结

图像是游戏开发的灵魂,本章从静态图像的获得与显示介绍起,为了判断图像有没有被正确无误地下载,还介绍了图像追踪技术。接下来介绍了动画的原理,通过简单的算法逻辑让静态图像动起来变成动画。本章需重点掌握图像追踪技术和动画的原理。

思 考 题

如果直接在 paint 里用 while 循环来实现动画,而不采用 repaint()的形式,程序执行结果会有什么不一样?

第7章 线程

7.1 接口介绍

接口(Interface)是一种特征化后的类,它同样具有属性成员和方法成员。定义接口的语法如下:

```
[public] interface 名称 [extends interface1,Interface2,…]
{
    //属性成员
    //属性方法
}
```

接口在命名规则方面和类一样,但它允许多重继承,这一点和类有极大的差异(Java中的类仅允许单一继承)。

接口的成员的定义和类的成员的定义也有所不同,在接口中所有的属性成员都固定使用 public、final 和 static 关键字,而方法成员都固定使用 public 和 abstract 修饰词。换句话说,接口和抽象类是类似的,下面为一个定义接口的例子。

```
Interface MyInterface
{
    int i = 0;
    void MethodA();
    void MethodB();
}
```

可以看到在上面的 MyInterface 接口中定义成员时并没有加上 public、final、abstract 等的关键字,这是因为每个成员在默认情况下已经拥有上述固定特性的缘故。

我们曾经说过接口也可以进行继承,并且是多重继承,下面的例子将示范如何进行接口的多重继承。

```
interface A
{
    //属性成员 A
    //方法成员 A
}
```

```
interface B
{
    //属性成员 B
    //方法成员 B
}
interface C extends A,B
{
    //属性成员 A
    //方法成员 A
    //属性成员 B
    //方法成员 B
    //属性成员 C
    //方法成员 C
}
```

可以看到接口 C 同时继承了接口 A 和接口 B,并且在接口 C 中保证会拥有接口 A 和接口 B 的全部成员,这是因为接口成员皆为 public 的关系。

接口也无法直接建立出实例,这是由于其中含有定义不完整的抽象方法所致。和通过继承来使用包含抽象方法的抽象类类似,接口可以通过类的实现(Implements)类使用,一个类可以实现多个接口,请看下面的例子。

```
Class ImplementInterface implements Interface1,interface2,interface3
{
    //...
}
```

在使用接口时,类必须重新定义接口中所有的抽象方法,而接口的属性成员则可以直接拿来使用,在下面的程序中就使用了接口。

```
Interface SuperInterface //父接口
{   int a = 5;
     int b = 10;
}
Interface ChildInterface extends SuperInterface//子接口
{
    //子接口只定义了一个抽象方法,但父接口继承了 a 和 b 属性成员
     int addNumber(int i,int j );
}
Public class ImplementInterface implements ChildInterface
{
    static int total;
    public int addNumber(int i,int j )
    {
        return i + j;
    }
    public static void main(String args[])
```

```
        {
            ImplementInterface I = new ImplementInterface();
            total = I.addNumber(a,b);
            System.out.println("a + b = " + total);
        }
    }
```

执行结果为：

a + b = 15

程序中的类实现了 ChildInterface 接口,可以看到 addNumber()方法在类中被重新定义,而在类中并没有定义 a、b 属性成员,但却可以在 addNumber()方法中指定传入 a 和 b,这就是我们所说的"直接使用接口的属性成员"。

类中的 total 变量必须使用 static 关键字是因为我们要在 main()方法中存取此变量,而 main()方法为 static 方法,static 方法只能存取 static 成员,那么对于非 static 成员呢? addNumber()方法是一个很好的示范,addNumber()方法并不是 static 成员,可以看到使用的方法为先建立类的实例,然后通过类的实例来调用。

Java 类只允许单一继承,这样可以使继承结构变得清楚,但却带来了一些小缺点,然而接口正好可以弥补这个缺点,如果我们把父母的特性定义成接口,孩子只要同时实现这两个接口就可以解决单一继承的问题了。

7.2 线程介绍

在第 6 章的程序中暂停的时间为 125 毫秒,那么此程序到底是以多少 FPS 在播放动画呢? 因为暂停 125 毫秒,表示 SPF 等于 125,所以 FPS 就等于 8(1/0.125=8,1 秒等于 1 000 毫秒)。

接下来我们将介绍线程的概念,首先要知道什么是进程(Process)? 简单地说,进程就是指正在执行中的程序。您可能常听到多任务(Multitasking)这个名词,例如 Windows 系统是支持多任务执行的系统,这意味着 Windows 系统具有同时执行多个程序的能力,换句话说在 Windows 系统中可以同时具有多个进程。

事实上不只是 Windows 系统,许多其他系统都具有多任务执行的能力(如 Linux、UNIX),想想看正处在 Windows 系统中的您不也正是同时在执行多个程序吗? 您可以启动记事本来编辑 Java 程序、一个 MS-DOS 模式窗口用来编译程序和一个 Internet Explorer 来执行 Applet,这数个正在执行中的程序就是所谓的进程,它们存在于内存中。

在多任务系统中一个进程通常由数个线程(Thread)所组成(当然也可能只由单一线程所组成)。我们可以把线程看作进程中的进程,因为它依附进程而存在,是在进程所拥有的系统资源中执行,也就是说线程是无法单独存在的,因此线程被称为轻量化进程(Light Weight Process)。

线程有一个非常重要的特点,就是同一个进程中的多个线程可以同时执行,默认情况下每一个 Applet 程序中至少都有两个线程在同时执行,一个用来完成我们的需求(执行程序代码),另一个用来进行垃圾收集(Garbage Collection)。

"垃圾收集"是 Java 语言中比较重要的一个特点,在 Java 语言中"垃圾"指的是一些不会再为程序所使用的资源,通常是一些不会再使用到的字符串、数组等,这些变量会占据一定的内存,当 Java 的垃圾收集机制检测到这样的垃圾时,便会进行搜集与释放内存的动作,这样将使程序能更灵活地使用内存,并且也可以避免因没有释放内存而造成的内存缺少以致死机的现象。

撇开负责执行垃圾收集的线程不说(此线程由 JVM 自动产生),在前面的程序中都只使用单一线程,Java 是支持多线程的编程语言,那么我们该如何在程序中制造出其他的线程来使用呢?

7.3 线程使用

在 Java 中,线程也是一种对象,但并非任何对象对可以称为线程,只有实现 Runnable 接口的类的对象才能称为线程,因此创建线程必须实现 Runnable 接口。

在 Java 语言中用 Thread 类来代表线程,创建线程有两种方法,分别为继承 Thread 类方式(Thread 类已经实现 Runnable 接口)和实现 Runnable 接口方式。

从本质上讲,Runnable 是 Java 中用以实现线程的接口,任何实现线程功能的类都必须实现这个接口。Thread 类就是因为实现了 Runnable 接口,所以继承它的类才具有了相应的线程功能。

虽然实现线程可以使用继承 Thread 类的方式,但是由于在 Java 语言中,只能继承一个类,如果用户定义的类已经继承了其他的类,就无法再继承 Thread 类,也就无法使用线程,正如我们本书所写的程序都是 Applet 小程序,所有主类都是继承自 java.applet.Applet,所以 Applet 程序没办法再继承一个 java.lang.Thread 类,因此我们主要使用实现 Runnable 接口的方式来使用线程。

java.lang.Runnable 这个接口与继承 Thread 类具有相同的效果,通过实现这个接口就可以使用线程。Runnable 接口中定义了一个 run()方法,在实例化一个 Thread 类的对象时,可以传入一个实现 Runnable 接口的对象作为参数,Thread 类会调用 Runnable 对象的 run()方法,继而执行 run()方法中的内容。

public void run() //该函数主要是实现新的线程所要执行的程序代码

现在还有一个问题,就是该如何让这个新的线程动起来? 必须完成两个步骤,首先是替 Applet 程序建立一个线程类实例。

Thread 类的构造函数如下所示:

public Thread(Runnable target) //Runnable 是一个接口

具体使用方法如下所示:

Thread NewThread;

NewThread = new Thread(this);

在构造函数中传入 this 是因为 Applet 程序实现 Runnable 接口,也可以把这两行代码看成是在替 Applet 程序本身建立一个新的线程。

接下来就是启动这个线程,这时必须使用 Thread 类提供的 start()函数。
public void start()

当通过新线程的类实例来调用 start()函数时,新线程会立即开始执行 run()函数中的程序代码。Thread 类还提供了 sleep()函数,此方法为静态(static)函数,所以可以直接指定 Thread 类名称来使用这个方法。

public static void sleep(long millis) throws InterruptedException

此函数可以使线程暂停执行一段时间,请注意在参数列表中所传入的参数的单位为毫秒。由于此函数可能会引发异常,因此在调用时必须使用 try-catch 语句加以处理。

7.4 线程动画

7.4.1 线程动画原理

我们所实现的第一个动画并不是一个很好的范例。因为那样的方法使得 Applet 程序只能做一件事情,就是不停地绘制图像,根本无法、也不可能再去做其他的工作,诸如处理使用者的输入、网络联机等,所以必须对范例的动画播放程序做一些改良。最好是加入一个新的线程,让这个新的线程负责处理动画播放,那么原来的线程中我们便有机会去处理动画播放之外的事情。

我们的做法是让 Applet 程序实现 Runnable 接口,并且将动画循环放在 run()函数中。接下来决定在何处建立与启动新的线程。在 init()函数中建立与启动新的线程是一个选择,但 init()函数只是在 Applet 程序第一次执行时才被调用一次,换句话说,如果选择在 init()函数中建立与启动新的线程,一旦动画开始播放就无法停止。

还有一个更理想的选择就是在 Applet 程序的 start()函数中建立与启动新的线程。这样每当 Applet 程序执行时都会调用 start()函数,而且还可以使用 stop()函数来停止线程的执行。

7.4.2 小鸡破壳而出的线程动画

要求:利用以上线程知识来修改第 6 章中小鸡破壳而出动画,使其改为线程动画。
提示:(1)让 Applet 程序实现 Runnable 接口。
```
public class SecondAnimation extends Applet Implements Runnable
```
(2)将动画循环放在 run()函数中。
```
public void run(){
    while(NewThread ! = null)
    {...}
}
```
(3)在 start()函数中建立与启动新的线程。
```
public void start()
{
    NewThread = new Thread(this);
```

```
    NewThread.start();
}
```

（4）用 stop()函数来停止线程的执行。

```
public void stop()
{
    NewThread = null;
}
```

代码如下：

```
package zhangli;
import java.applet.Applet;
import java.awt.Graphics;
import java.awt.Image;
import java.awt.MediaTracker;
public class SecondAnima extends Applet implements Runnable{
    int         currentImage;                   //目前图像
    Image       Animation[];                    //动画图像
    MediaTracker MT;                            //图像追踪器
    Thread      newThread;                      //新线程
    public void init()
    {   currentImage = 0;                       //指定目前图像为第一张图像
        Animation   = new Image[5];             //与使用八张动画图像
        MT          = new MediaTracker(this);
        for(int i = 0;i<5;i++)                  //注意此循环中的程序代码
        {
            Animation[i]
            = getImage(getDocumentBase(),"Images/chicken "+ i +".jpg ");
            MT.addImage(Animation[i],0);
        }
        try
        {   showStatus("图像加载中...");         //在状态列显示信息
            MT.waitForAll();                    //等待所有图像下载
        }
        catch(InterruptedException e)           //若捕捉到例外
        {
            e.printStackTrace();
        }
    }
    public void start()                         //start()函数
    {   //建立与启动新线程
        newThread = new Thread(this);
        newThread.start();
    }
    public void stop()                          //stop()函数
```

```
    {
        newThread = null;                        //将线程设为 null
    }
    public void paint(Graphics g)                //已将差劲的动画循环抽离
    {    //绘制目前图像
        g.drawImage(Animation[currentImage],50,10,230,240,this);
    }
    public void run()
    {   while(newThread != null)
        {   repaint();                           //重新绘制图像
            try
            {
                Thread.sleep(125);               //暂停程序执行 125 毫秒
            }
            catch(InterruptedException e)
            {
                e.printStackTrace();
            }
            if(currentImage == 4)                //如果已经播放到最后一张图像
                currentImage = 0;                //指定目前图像为第一张图像
            else
                currentImage = currentImage + 1; //指定图像为下一张图像
        }
    }
}
```

同理,利用以上线程知识来修改第 6 章中的自由女神动画,使其改为线程动画。

7.5 本章小结

学习线程的重点在于掌握线程是如何被创建的,了解线程的生命周期和执行顺序,可以控制线程的启动和挂起,并正确结束线程。本章介绍了线程和接口的基本概念,程序要使用线程必须实现 Runnable 接口,最后程序通过一个游戏示例来介绍线程的具体使用和效果。

思 考 题

如果把 Thread.sleep(ms)中的参数设置过大或者过小,程序执行结果会有什么不一样?

ism
第8章 消除闪烁

8.1 消除闪烁的第一种方法

8.1.1 重写update()方法

在前面的范例运行结果中,我们会发现画面一直闪烁不停,这是不是FPS太低造成的呢?

其实造成画面闪烁的原因是update()函数,update()方法会先以背景色填充的方法清除画面,然后调用paint()函数,而造成画面闪烁的主因是清除画面的操作。请仔细观察动画,闪烁时显示的是Applet程序中所使用的背景色,如果不想造成画面的闪烁,我们必须重新定义update()方法。

```
public void update(Graphics g)
{   paint(g);   }
```

在Applet程序中加入此update()函数,当调用repaint()函数重绘图像时,repaint()函数会调用这个重新定义的update()函数,而此update()函数并不会进行清除画面的操作,而是只调用paint()函数来绘制图像。

不过重新定义update()函数的方法必须根据具体情况而采用,以前面的范例而言,重新定义update()函数是可行的,但是对于下面一种情况会造成新的问题。

8.1.2 小球弹跳动画

要求:写一个动画程序,要求背景色是黑色,小球颜色是白色,实现小球不断移动位置,当遇到边界时反弹,效果如图8-1和图8-2所示。

提示:(1) 在init()函数里进行一些变量的初始化,设置背景色,设定网页显示大小为(1024,768)等操作。

```
this.setSize(1024,768);
```

图 8-1 小球在某一个位置

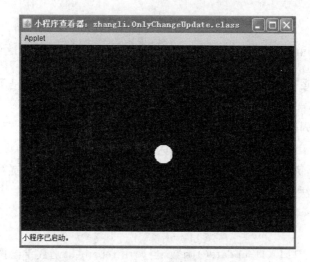

图 8-2 小球运动到另一位置

（2）在 paint()函数里绘制一个实心正圆形。

g.setColor(Color.white);

g.fillOval(X,Y,30,30);   //X,Y 值变化,小球的位置变化

（3）在框架里添加 update()函数。

（4）在 run()函数里实现小球动画,主要是改变小球的 X、Y 值。

（5）小球有一定的 X 轴速度、一定的 Y 轴速度,小球如果碰到边界,则反弹。

代码如下：

package zhangli;

import java.applet.Applet;

import java.awt.Color;

import java.awt.Graphics;

public class OnlyChangeUpdate extends Applet implements Runnable {

```
    int     X,Y,moveX,moveY,width,height;
    Thread newThread;                          //新线程
    public void init()
    {   X        = 0;                          //X 坐标
        Y        = 0;                          //Y 坐标
        moveX    = 40;                         //X 轴移动距离
        moveY    = 40;                         //Y 轴移动距离
        this.setSize(450,300);
        width   = getSize().width;             //Applet 的宽度
        height  = getSize().height;            //Applet 的高度
        setBackground(Color.black);            //设定背景为黑色
    }
    public void start()                        //start()函数
    {   newThread = new Thread(this);          //建立与启动新线程
        newThread.start();
    }
    public void stop()                         //stop()函数
    {
        newThread = null;                      //将线程设为 null
    }
    public void paint(Graphics g)
    {
        g.setColor(Color.white);               //设定前景颜色为白色
        g.fillOval(X,Y,30,30);                 //绘制实心正圆形
    }
    public void update(Graphics g)             //update()函数
    {
        paint(g);                              //只单纯调用 paint()函数
    }
    public void run()
    {   while(newThread != null)               //动画循环
        {
            repaint();                         //重新绘制图像
            try
            {
                Thread.sleep(80);              //暂停程序执行 80 毫秒
            }
            catch(InterruptedException E){ }
            X = X + moveX;                     //计算新的 X 坐标
            Y = Y + moveY;                     //计算新的 Y 坐标
            //碰撞到边界时就会反弹
            if(X >= (width-30))
            {
```

```
                X    = width-30;
                moveX = - moveX;
            }
            if(X < = 0)
            {
                X = 0;
                moveX = - moveX;
            }
            if(Y > = (height-30))
            {
                Y    = height-30;
                moveY = - moveY;
            }
            if(Y < = 0)
            {
                Y = 0;
                moveY = - moveY;
            }
        }
    }
}
```

问题:程序原来的构想是绘制一个不断反弹的小球,但是执行结果是有图像残留,运行结果如图 8-3 所示,没有达到我们预期的目的。

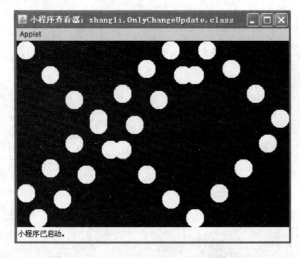

图 8-3 小球运动轨迹出现残影

因为我们重新定义了 update()方法,所以在每次循环中只执行了 paint()方法,而并没有将前面的绘图清除掉。对于帧动画而言,由于贴图是将整个画面贴上,所以前一个图像会被后来贴上的图像覆盖,就不会有以上的问题。根据这种思路,以双缓冲区(Double Buffering)的方式重新定义 update()方法。

8.2 消除闪烁的第二种方法

8.2.1 双缓冲原理

首先我们来了解什么是次画面。次画面是不直接显示在屏幕上,并且大小和主画面一样的一个不可见的画面,如图 8-4 所示。

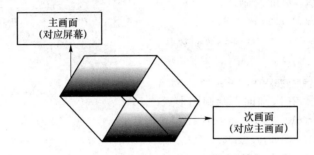

图 8-4 双缓冲区的示意图

因此双重缓冲区可以这样操作,先将原来在主画面上进行的动画绘制工作转移到次画面上,即先在次画面上绘制图像,然后再将此图像整个贴到主画面上。这其中有几个关键性的问题必须解决。

(1) 如何在程序中实现次画面。
(2) 在次画面中绘制新图像时,程序应该先清除次画面。
(3) 将次画面的图像贴到主画面前,不应该执行清除主画面的动作。

请仔细想想第二项和第三项的操作原理,程序应该在绘制新图像前清除次画面,否则便会在次画面中出现图像残留的结果。那么清除次画面的动作会不会造成闪烁现象呢?对于次画面来说是会的,但因为次画面并不会直接显示在屏幕上,所以也不可能看到闪烁现象。

主画面是可看见的画面,因此在绘制新图像前不能进行清除的动作,不然闪烁现象将同样存在。因此我们是将次画面的图像整个贴到主画面中,所以新图像会将旧图像完全覆盖,这样就能得到不闪烁的动画。

要求:利用双缓冲技术改良上一个程序,解决画面闪烁和残像问题。

双重缓冲区在游戏设计中是经常使用的技巧,有些程序组件就直接提供了双重缓冲区的功能,例如 DirectX 中的 DirectDraw,它还提供了直接翻页(Flip)的方法,我们在次画面上完成贴图之后,再将次画面的图像翻页到主画面。

8.2.2 双缓冲相关函数

(1) 首先在 init() 里,用 creatImage() 函数来建立一个新的 Image 类实例,作为次画面。createImage() 函数为 Component 类方法。

public Image createImage(int width,int height)

使用方法:

Image OffScreen;
OffScreen = createImage(width,height);

（2）然后在 init()里，用 getGraphics()函数来取得次画面的绘制类。
getGraphics()函数为 Image 类方法。
public Graphics getGraphics()

使用方法：
Graphics drawOffScreen;
drawOffScreen = OffScreen.getGraphics();

（3）在 paint()里，清除次画面。
drawOffScreen.setColor(Color.black);
drawOffScreen.fillRect(0,0,width,height);

或者
drawOffScreen.clearRect(0,0,width,height);

（4）在 paint()里，在次画面上绘制图形。
drawOffScreen.setColor(Color.white);
drawOffScreen.fillOval(x,y,30,30);

（5）在 paint()里，将次画面贴到主画面上。
"贴"实际上就是将 OffScreen 这个图像绘制到 Applet 程序的显示区域中。
g.drawImage(OffScreen,0,0,this);

8.2.3 重写小球弹跳动画

要求：用双缓冲技术解决 8.1 节中小球运动留下的轨迹问题。
代码如下：

```
package zhangli;
import java.applet.Applet;
import java.awt.Color;
import java.awt.Graphics;
import java.awt.Image;
public class DoubleBuffering extends Applet implements Runnable {
    int     X,Y,moveX,moveY,width,height;
    Thread newThread;                        //新线程
    Image   OffScreen;                       //次画面
    Graphics drawOffScreen;                  //绘制次画面的 Graphics 实体
    public void init()
    {
        X      = 0;                          //X 坐标
        Y      = 0;                          //Y 坐标
        moveX  = 8;                          //X 轴移动距离
        moveY  = 10;                         //Y 轴移动距离
        this.setSize(1024,768);
        width  = getSize().width;            //Applet 的宽度
        height = getSize().height;           //Applet 的高度
```

```
    OffScreen     = createImage(width,height);//建立次画面
    drawOffScreen = OffScreen.getGraphics();      //取得次画面的绘制类
}
public void start()                    //start()函数
{
  newThread = new Thread(this);        //建立与启动新线程
  newThread.start();
}
public void stop()                     //stop()函数
{
  newThread = null;                    //将线程设为 null
}
public void paint(Graphics g)
{ //下面这行的作用为清除次画面
    drawOffScreen.clearRect(0,0,width,height);
    //下面这两行的作用为在次画面上绘制实心正圆形
    drawOffScreen.setColor(Color.black);
    drawOffScreen.fillOval(X,Y,30,30);
    //将次画面贴到主画面上
    g.drawImage(OffScreen,0,0,width,height,this);
}
public void update(Graphics g)         //update()函数
{
  paint(g);                            //只单纯调用 paint()函数
}
public void run()
{   while(newThread != null)           //动画循环
    {
       repaint();                      //重新绘制图像
       try
       {
          Thread.sleep(50);            //暂停程序执行 50 毫秒
       }
       catch(InterruptedException E){ }
       X = X + moveX;                  //计算新的 X 坐标
       Y = Y + moveY;                  //计算新的 Y 坐标
       //碰撞到边界时就会反弹
       if(X >= (width-30))
       {   X    = width-30;
           moveX = - moveX;
       }
       if(X <= 0)
       {   X = 0;
```

```
                moveX = -moveX;
            }
            if(Y> = (height-30))
            {   Y    = height-30;
                moveY = -moveY;
            }
            if(Y< = 0)
            {   Y = 0;
                moveY = -moveY;
            }
        }
    }
}
```

8.3 本章小结

闪烁现象是游戏里经常会出现的问题,针对这一问题我们归纳出两种消除闪烁的方法,不过第一种方法有一定的局限性,第二种方法也就是双缓冲技术更为普遍,可以统一解决所有的闪烁问题,读者务必要掌握双缓冲的原理及相关函数。

思 考 题

在双缓冲技术中,还需要重新定义 update(Graphics g)函数吗?

第9章 改善动画播放效率

9.1 普通方法

如果我们在制作动画的时候,将动画的播放速度设置为低于 90FPS,有些图像会因为过快的速度而无法处理,这是 Applet 程序的绘制速度限制所造成的。当调用 repaint() 函数的速度超过 Applet 程序的绘制速度限制时,将无法使 paint() 函数发挥作用,换句话说有一些图像无法被正确地绘制出来,这些无法被正确绘制的图像就是所谓的"掉帧"。

如果想加强动画的流畅度,除了为动画设置合理的显示大小和 FPS 之外,最好尽量用多一点的静态画面来展示动画。例如将之前范例中所用的那五张小鸡破壳而出的图像改为 10 张甚至 15 张。

接着就是不要重复绘制不会变动的图像,换句话说,只绘制图像中会变动的部分。例如在第 8 章的范例中,只重新绘制眼球的部分,这时候就得像下面那样使用 repaint() 函数,其参数用来指出必须被重绘的区域。当然,何处被重绘还必须经过计算才知道。

public void repaint(int x, int y, int width, int height)

最后介绍一种被 Applet 游戏广泛采用的增进效率的方法,它并不是在动画播放速度上做加强,而是希望以缩短动画所需图像的下载时间来加快 Applet 程序播放动画的起始操作。

9.2 一维连续图片

下面先来了解 HTTP 的文件请求方式,如图 9-1 所示。

图 9-1　HTTP 的文件请求方式

每当 Applet 程序要下载一张动画图像时,浏览器就向服务器提出请求,然后进行联机、下载图像、结束联机操作,这样循环进行直到所有的图像全部下载完成。其中有一些时间显然是可以节省的,如果我们把所有图像集中在一张图像中,那就可以将重复等待服务器响应、开启联机和结束联机的时间节省下来,尤其在网络塞车或服务器联机数接近饱和时,这样处理将为游戏带来很大的帮助。

那么该如何将多张图像集中在一张图像中,如何在 Applet 程序中使用这一张图像呢?对于第一个问题,我们将这些图像制作成"连续图像"来播放,如图 9-2 所示。

图 9-2 一维连续图片

图 9-2 是一个完整的图片文件,我们可以看到上面的图片就像电影画格一样,我们将之前用到的八张自由女神图像放在同一张图片中,这八张图像的尺寸事先都已经调整为 250×250,尤其是在网络不好或服务器联机数接近饱和时,这样处理将为游戏带来很大的帮助。

至于如何指定绘图的图像,Java 提供了现成的类,下面我们使用程序代码来说明如何进行图片的绘制。

9.2.1 图片裁剪与输出

(1) 声明并取得连续图片。

```
Image SerialImage;getImage();
```

(2) 声明并获取连续图片的像素对象,以便用来裁剪。

```
ImageProducer Source;
Source = SerialImage.getSource();
```

(3) 声明并指定裁剪图像区域。

```
CropImageFilter CutImage //过滤对象
public void CutImage(int x,int y,int width,int height)
```

(4) 根据图像和裁剪区域进行裁剪。

```
FilteredImageSource(ImageProducer Source,CropImageFilter CutImage)
```

(5) 使用裁剪好的图像数据生成一张新的图像。

```
public Image createImage(ImageProducer producer)
```

具体的使用方法如下所示:

```
Image SerialImage,Animation[];
ImageProducer Source;
CropImageFilter CutImage;
SerialImage = getImage(getCodeBase(),"Images/serial.gif ");
Source = SerialImage.getSource();
for(int i = 0;i<8;i++)
{
    CutImage = new CropImageFilter(i * 250,0,250,250);
```

```
        Animation[i]=createImage(new FilteredImageSource (Source,CutImage));
    }
```

9.2.2 企鹅走动动画

要求:(1) 根据图 9-3 所示图片输出单帧动画,展现企鹅走动姿态,连续图片大小为 300×60 大小,小格图片大小为 50×50。

图 9-3 企鹅走动连续图片

(2) 企鹅在屏幕固定区域显示不同姿态。
(3) 使用线程和双缓冲技术。

代码如下:

```
package zhangli;
import java.applet.Applet;
import java.awt.Graphics;
import java.awt.Image;
import java.awt.MediaTracker;
import java.awt.image.CropImageFilter;
import java.awt.image.FilteredImageSource;
import java.awt.image.ImageProducer;public class SerialImage1 extends Applet implements Runnable {
    int             AppletWidth,AppletHeight,currentImage;
    Image           Animation[],SerialImage,OffScreen;
    Thread          newThread;                        //新线程
    Graphics        drawOffScreen;
    MediaTracker MT;
    ImageProducer       Source;               //连续图像来源
    CropImageFilter     CutImage;             //用来剪裁图像
    public void init()
    {
        MT          = new MediaTracker(this);
        Animation   = new Image[6];         //8 张图像
        currentImage = 0;                   //目前图像为第一张
        this.setSize(1024,768);
        AppletWidth = getSize().width;      //Applet 的宽度
        AppletHeight = getSize().height;    //Applet 的高度
        //次画面及绘制工具
        OffScreen   = createImage(AppletWidth,AppletHeight);
        drawOffScreen = OffScreen.getGraphics();
        //获得连续图像
        SerialImage = getImage(getDocumentBase(),"Images/QQ.gif ");
```

```java
                MT.addImage(SerialImage,0);
                try
                {   showStatus("图像加载中...");     //在状态列显示信息
                    MT.waitForAll();  }
                catch(InterruptedException E)
                { E.printStackTrace();            //打印错误信息
                }
                //剪裁连续图像
                Source = SerialImage.getSource();
                for(int i = 0;i<6;i++)
                {   CutImage = new CropImageFilter(i*50,0,50,50);
                    Animation[i]
                    = createImage(new FilteredImageSource(Source,CutImage));
                }  }
        public void start()                       //start()函数
        {
            newThread = new Thread(this);         //建立与启动新线程
            newThread.start();
        }
        public void stop()                        //stop()函数
        {
            newThread = null;                     //将线程设为null
        }
        public void paint(Graphics g)
        {   //下面这行的作用为清除次画面
            drawOffScreen.clearRect(0,0,AppletWidth,AppletHeight);
            //下面这行的作用为在次画面上绘制目前图像
            drawOffScreen.drawImage(Animation[currentImage],0,0,this);
            //将次画面贴到主画面上
            g.drawImage(OffScreen,0,0,AppletWidth,AppletHeight,this);
        }
        public void update(Graphics g)            //update()函数
        {
            paint(g);                             //只单纯调用paint()函数
        }
        public void run()
        {   while(newThread != null)              //动画循环
            { repaint();                          //重新绘制图像
                try
                {
                    Thread.sleep(80);             //暂停程序执行80毫秒
                }
                catch(InterruptedException E){ }
```

```
            currentImage = ( ++ currentImage) % 6;    //指定目前图像
    } } }
```

9.3　二维连续图片

当图片数目较多时，我们可以将图片制作成二维排列的方式，我们将每个小图片的大小设置为 128×96，如图 9-4 所示。

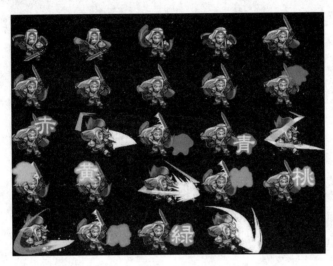

图 9-4　二维连续图片

在贴图时，只要按照由左到右、由上到下的顺序选择图像，就可以制作出连续播放的动画。

如果觉得使用 CropImageFilter 和 FilteredImageSource 类比较麻烦，可以使用 drawImage()方法，只要在 drawImage()方法中指定图片的目的区域与来源区域，就可以直接进行图片的裁剪和贴图。

9.3.1　图片指定与输出

drawImage 方法可以将指定的连续图片中小格图片输出在指定位置，该函数原型如下：
    drawImage(Image img, int dx1, int dy1, int dx2, int dy2, int sx1, int sy1, int sx2, int sy2, ImageObserver observer)

您可能会觉得参数比较麻烦？其实不然，下面以图片来说明参数的位置，如图 9-5 所示。dx1、dy1 表示目的区域的左上角坐标，dx2、dy2 表示目的区域的右下角坐标，sx1、sy1 表示源区域的左上角坐标，sx2、sy2 表示源区域的右下角坐标。

使用 drawImage()方法指定图像的来源区域与目的区域更加直观，指定来源区域的方式非常简单，例如我们想要将图片从左到右、从上到下依次显示，原理如下：

初始化：x,y位置分别在左上角
x位置变化；
如果(x位置达到右边界)
{
　　y位置发生变化
　　x位置回到左边界；
　　如果(y位置达到下边界)
　　y位置回到上边界
}

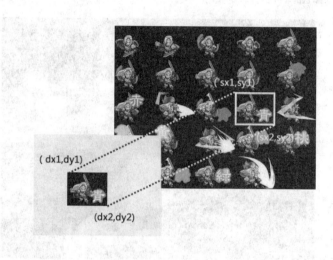

图 9-5　drawImage()各参数含义

9.3.2　至尊宝行走动画

要求：利用一幅二维连续图片实现至尊行走动画。

（1）根据图 9-6 所示图片输出单帧动画，展现至尊宝各方向行走姿态，连续图片大小为 624×340 大小，小格图片大小为 78×85。

图 9-6　至尊宝行走连续图片

（2）源区域图片按照选择从左到由从上到下顺序选取。

（3）目的区域每次向右移78像素，当遇到右边界时则相加移动85像素，从左到右依次输出。
（4）使用线程和双缓冲技术。

代码如下：

```java
package zhangli;
import java.applet.Applet;
import java.awt.Color;
import java.awt.Graphics;
import java.awt.Image;
import java.awt.MediaTracker;
public class SerialImage2 extends Applet implements Runnable {
    int SPF;                        //动画播放的SPF
    int AppletWidth,AppletHeight;
    int sx,sy;
    int dx,dy;
    Image       Animation;          //动画图像
    MediaTracker MT;                //图像追踪器
    Thread      newThread;          //新线程
    Image       OffScreen;          //次画面
    Graphics drawOffScreen;         //绘制次画面的Graphics实体
    public void init()
    {
        SPF           = 500;
        MT            = new MediaTracker(this);
        this.setSize(1000,600);
        AppletWidth   = getSize().width;     //Applet的宽度
        AppletHeight  = getSize().height;    //Applet的高度
        Animation = getImage(getDocumentBase(),"Images/zun.gif");
        MT.addImage(Animation,0);
        try
        {   showStatus("图像加载中...");   //在状态列显示信息
            MT.waitForAll();                //等待所有图像下载
        }
        catch(InterruptedException E){ }
        OffScreen = createImage(AppletWidth,AppletHeight);     //建立次画面
        drawOffScreen = OffScreen.getGraphics();    //取得次画面的绘制类
    }
    public void start()    //start()函数
    {   //建立与启动新线程
        newThread = new Thread(this);
        newThread.start();
    }
    public void stop()     //stop()函数
```

```
    {
        newThread = null;      //将线程设为 null
    }
    public void paint(Graphics g)      //已将差劲的动画循环抽离
    {   //下面这两行的作用为清除次画面
        drawOffScreen.setColor(Color.black);
        drawOffScreen.fillRect(0,0,AppletWidth,AppletHeight);
drawOffScreen.drawImage(Animation,dx,dy,dx+78,dy+85,sx,sy,sx+78,sy+85,this);
        g.drawImage(OffScreen,0,0,AppletWidth,AppletHeight,this);
    }
    public void update(Graphics g)
    {   paint(g);   }
    public void run() {
        while(newThread ! = null)
        {   repaint();                              //重新绘制图像
            try
            {
                Thread.sleep(SPF);                  //使用指定的 SPF
                sx += 78;
                if(sx == 624)
                {
                    sy += 85;
                    sx = 0;
                    if (sy == 340)
                        sy = 0;
                }
                dx += 78;
                if(dx >= AppletWidth-78)
                {
                    dy += 85;
                    dx = 0;
                    if(dy >= AppletHeight-85)
                    {
                        dy = 0;
                    }  }  }
            catch(InterruptedException E){ }
        } } }
```

9.4 时钟动画实例

9.4.1 普通时钟动画

要求：制作一个小时钟，能准确捕获系统当前时间，如图 9-7 所示。

图 9-7 时钟动画

目的:只绘制变化部分图像来加快动画播放速度的技巧;了解时间的运用在游戏设计中的重要性。

(1) 重绘部分图像

下面介绍只针对变化部分进行重绘的操作。

```
public void repaint(int x,int y,int width,int height)
```

为指定区域的大小进行重绘,而不是全部重绘。

那么对应地在 paint() 函数里,清除背景的时候需指定大小,该大小与 rapaint() 参数一样即可。

```
repaint(X,Y,width,height);
drawOffScreen.clearRect(X,Y,width,height);
```

注意:两函数的参数要保持一致。

(2) 时间获取

在 Applet 程序中取得时间的关键是使用 Java.util 中的 GregorianCalender 类,此类不仅仅是读取系统目前的时间,还可以读取日期。

```
public GregorianCalendar()
```

使用以上的构造函数可以建立一个包含目前系统日期与时间的 GregorianCalender 类实例,使用方法如下所示:

```
GregorianCalendar time;
time     = new GregorianCalendar();
```

然后通过其函数成员 get() 和一些已定义的常量就可以轻易地将其中的信息取出。

```
hour = time.get(Calendar.HOUR_OF_DAY);
```

这行程序代码就是利用 Calendar.HOUR_OF_DAY 常量来取得系统的钟点(24 小时制),这些常量定义在 Calendar 类中,利用这些常量可以取得的信息还有很多,例如:

```
minute = time.get(Calendar.MINUTE);
second = time.get(Calendar.SECOND);
```

(3) 数字设置

将获取的时间与相应图片进行转化的时候,需要进行一些判断。比如:如果时间是上午 9 点,那么转化成对应的图片就是 0,9;如果是上午 10 点,对应的图片就 1 和 0。那么如何单独取得一个整数的个位、十位、百位等？这时候需要引进两个运算：

```
int x,y;
x/y 表示取商
x%y 表示取余
```

在本例子中,有多处需要用到这两个运算。

① 每间隔1秒让时间分隔符闪动。

```
if(second % 2 == 0)
    ...
else
    ...
```

② 总共有0~9十张图片,那么整数10是一个界限。

```
if(hour<10)
{
    drawOffScreen.drawImage(digit[0],X,Y,this);
    drawOffScreen.drawImage(digit[hour],X+ImageWidth,Y,this);
}
else
{
    drawOffScreen.drawImage(digit[hour/10],X,Y,this);
    drawOffScreen.drawImage(digit[hour%10],X+ImageWidth,Y,this);
}
```

(4) 时钟动画实例

提示：① 变量的定义与初始化,包括时、分、秒。需重绘区域的位置与大小,即 x,y, width,height。每张数字图片的大小,即 ImageWidth,ImageHeight。控制时间分隔符闪烁的布尔变量等,比如获取 digit[0]图片的宽与高：

```
ImageWidth  = digit[0].getWidth(this);
ImageHeight = digit[0].getHeight(this);
```

② 在 paint()里清除背景的时候只清除部分大小。

```
drawOffScreen.clearRect(X,Y,width,height);
```

然后画时、分、秒、时间分隔符等。

③ 想一想时间的获取是放在 init()函数里,还是 run()函数里合适。

代码如下：

```
package zhangli;
import java.applet.Applet;
import java.awt.Graphics;
import java.awt.Image;
import java.awt.MediaTracker;
import java.util.Calendar;
import java.util.GregorianCalendar;
public class Clock extends Applet implements Runnable{
    int hour,minute,second,AppletWidth;
    int AppletHeight,ImageWidth,ImageHeight,X,Y,width,height;
```

```java
    Image          digit[],Background,OffScreen;
    Thread         newThread;
    boolean        showSeparator;
    Graphics       drawOffScreen;
    MediaTracker MT;
    GregorianCalendar time;   //可用来获得时间与日期
    public void init()
    {   X       = 50;           //时间数字被绘制的起始位置
        Y       = 110;
        MT      = new MediaTracker(this);
        digit   = new Image[11];
        width   = 210;           //重绘区域的大小
        height = 135;
        this.setSize(300,300);
        AppletWidth = getSize().width;
        AppletHeight = getSize().height;
        Background = getImage(getDocumentBase(),"Images/clock.jpg");
        MT.addImage(Background,0);
        for(int i = 0;i<11;i++)
        {
            digit[i] = getImage(getDocumentBase(),"Images/" + i + ".jpg");
            MT.addImage(digit[i],0);
        }
        try {
            showStatus("图像加载中(Loading Images)...");
            MT.waitForAll();
        }
        catch(InterruptedException E){ }
      ImageWidth   = digit[0].getWidth(this);//获得图像的宽度
        ImageHeight = digit[0].getHeight(this);//获得图像的高度
        OffScreen     = createImage(AppletWidth,AppletHeight);
        drawOffScreen = OffScreen.getGraphics();
        showSeparator = true;//显示时间分隔符
}
public void start()                    //start()函数
{   newThread = new Thread(this);       //建立与启动新线程
    newThread.start();   }
public void stop()                     //stop()函数
{   newThread = null;}
public void paint(Graphics g)
{   drawOffScreen.clearRect(X,Y,width,height);   //只清除此部分区域的图像
    drawOffScreen.drawImage(Background,0,0,this);   //绘制背景图像
    if(hour<10)       //绘制小时
```

```java
        {   drawOffScreen.drawImage(digit[0],X,Y,this);
            drawOffScreen.drawImage(digit[hour],X + ImageWidth,Y,this);
        }
        else
        {   drawOffScreen.drawImage(digit[hour/10],X,Y,this);
            drawOffScreen.drawImage(digit[hour%10],X + ImageWidth,Y,this);
        }
        if(minute<10)    //绘制分钟
        {
            drawOffScreen.drawImage(digit[0],X + ImageWidth * 2 + 10,Y,this);
            drawOffScreen.drawImage(digit[minute],X + ImageWidth * 3 + 10,Y,this);
        }
        else
        {
            drawOffScreen.drawImage(digit[minute/10],X + ImageWidth * 2 + 10,Y,this);
            drawOffScreen.drawImage(digit[minute%10],X + ImageWidth * 3 + 10,Y,this);
        }
        if(second<10)    //绘制秒数
        {
            drawOffScreen.drawImage(digit[0],X + ImageWidth * 4 + 15,
                            Y + ImageHeight-30,15,30,this);
            drawOffScreen.drawImage(digit[second],X + ImageWidth * 4 + 30,
                            Y + ImageHeight-30,15,30,this);
        }
        else
        {
            drawOffScreen.drawImage(digit[second/10],X + ImageWidth * 4 + 15,
                            Y + ImageHeight - 30,15,30,this);
            drawOffScreen.drawImage(digit[second%10],X + ImageWidth * 4 + 30,
                            Y + ImageHeight - 30,15,30,this);
        }
        if(showSeparator) //绘制时间分隔符(闪烁效果)
            drawOffScreen.drawImage(digit[10],X + ImageWidth * 2,Y + 10,this);
            g.drawImage(OffScreen,0,0,this);
    }
    public void update(Graphics g)         //update()函数
    {
        paint(g);                          //只单纯调用paint()函数
    }
    public void run()
    {   while(newThread != null)           //动画循环
        {   //time将包含目前系统的时间与日期
            time   = new GregorianCalendar();
```

```
            //取出目前时间的小时、分钟和秒数
    hour   = time.get(Calendar.HOUR_OF_DAY);
    minute = time.get(Calendar.MINUTE);
    second = time.get(Calendar.SECOND);
    if(second % 2 == 0)                    //控制时间分隔符的闪动
        showSeparator = true;
    else
        showSeparator = false;
    repaint(X,Y,width,height);             //重新绘制图像
     try {
        Thread.sleep(500);                 //暂停程序执行 500 毫秒
     }
     catch(InterruptedException E){ }//没有进行例外处理
    }
}
```

9.4.2 表盘时钟动画

要求:制作一个小时钟,模拟真正表盘的时针、分针、秒针转动,准确显示系统当前时间,如图 9-8 所示。

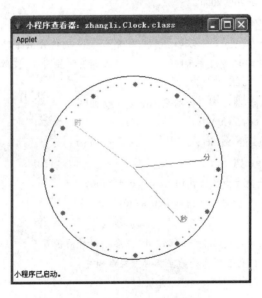

图 9-8 表盘时钟动画效果图

代码如下:
```
package zhangli;
import java.awt.*;
import java.util.*;
import java.awt.event.*;
import java.awt.geom.*;
```

```java
import java.applet.Applet;
public class Clock extends Applet implements Runnable {
    Thread 时针 = null,分针 = null,秒针 = null;//用来表示时针、分针和秒针的线程
    //表示时针、分针、秒针端点的整型变量
    int hour_a,hour_b,munite_a,munite_b,second_a,second_b;
    int hour = 0,munite = 0,second = 0;//用来获取当前时间的整型变量
    //用来绘制时针、分针和秒针的 Grapghics 对象
    Graphics g_second = null,g_munite = null,g_hour = null;
    //用来存放表盘刻度的数组,供指针走动时使用
    double point_x[] = new double[61],point_y[] = new double[61];
    //用来存放表盘刻度的数组,供绘制表盘使用
    double scaled_x[] = new double[61],scaled_y[] = new double[61];
    int start_count = 0;//用来判断小程序是否重新开始的变量
    public void init()
    {g_hour = this.getGraphics();g_hour.setColor(Color.cyan);
    g_second = this.getGraphics();g_second.setColor(Color.red);
    g_munite = this.getGraphics();g_munite.setColor(Color.blue);
    g_second.translate(200,200);//进行坐标系变换,将新坐标系原点设在(200,200)处
    g_munite.translate(200,200);
    g_hour.translate(200,200);
    point_x[0] = 0;point_y[0] = -120;//各个时针 12 点处的位置坐标(按新坐标系的坐标)
    scaled_x[0] = 0;scaled_y[0] = -140;//12 点处的刻度位置坐标(按新坐标系的坐标)
    double jiaodu = 6 * Math.PI/180;
    //表盘分割成 60 份,将分割点处的坐标存放在数组中
    for(int i = 0;i<60;i++)
        { point_x[i+1] = point_x[i] * Math.cos(jiaodu) -
                Math.sin(jiaodu) * point_y[i];
          point_y[i+1] = point_y[i] * Math.cos(jiaodu) +
                point_x[i] * Math.sin(jiaodu);
        }
    point_x[60] = 0;point_y[60] = -120;//12 点各个时针的位置坐标(按新坐标系坐标)
    //表盘分割成 60 份,将分割点处的坐标存放在数组中
    for(int i = 0;i<60;i++)
        {scaled_x[i+1] = scaled_x[i] * Math.cos(jiaodu) -
                Math.sin(jiaodu) * scaled_y[i];
          scaled_y[i+1] = scaled_y[i] * Math.cos(jiaodu) +
                scaled_x[i] * Math.sin(jiaodu);
        }
    scaled_x[60] = 0;scaled_y[60] = -140;}
    public void start()
    { if(start_count> = 1)
```

```
{秒针.interrupt();分针.interrupt();时针.interrupt();}
 秒针 = new Thread(this);
 分针 = new Thread(this);
 时针 = new Thread(this);
 秒针.start();
 分针.start();
 时针.start();
 start_count++;if(start_count>=2) start_count=1;}
public void stop()
{秒针.interrupt();分针.interrupt();时针.interrupt();}
public void paint(Graphics g)
{       this.start();
       //绘制表盘的外观:
       g.drawOval(50,50,300,300);//表盘的外圈
       g.translate(200,200);
       //绘制表盘上的小刻度和大刻度
       for(int i=0;i<60;i++)
          { if(i%5==0)
             {g.setColor(Color.red);
              g.fillOval((int) scaled_x[i],(int) scaled_y[i],8,8);
             }
           else
              g.fillOval((int) scaled_x[i],(int) scaled_y[i],3,3);
          } }
public void run()
{ //获取本地时间
 Date date = new Date();
 String s = date.toString();
 hour = Integer.parseInt(s.substring(11,13));
 munite = Integer.parseInt(s.substring(14,16));
 second = Integer.parseInt(s.substring(17,19));
 if(Thread.currentThread() == 秒针)
   { second_a = (int)point_x[second];second_b = (int)point_y[second];
     g_second.drawLine(0,0,second_a,second_b);   //秒针的初始位置
     g_second.drawString("秒",second_a,second_b);
     int i = second;
     while(true)   //秒针开始行走,每一秒走6度
     {try{秒针.sleep(1000);
      Color c = getBackground();
      g_second.setColor(c);
      g_second.drawLine(0,0,second_a,second_b);//用背景色清除前一秒的秒针
```

```java
            g_second.drawString("秒",second_a,second_b);
                //如果这时秒针与分针重合,则恢复分针的显示
                if((second_a == munite_a)&&(second_b == munite_b))
                    {g_munite.drawLine(0,0,munite_a,munite_b);
                     g_munite.drawString("分",munite_a,munite_b);
                    }
                //如果这时秒针与时针重合,则恢复时针的显示
                if((second_a == hour_a)&&(second_b == hour_b))
                    {g_hour.drawLine(0,0,hour_a,hour_b);
                     g_hour.drawString("时",hour_a,hour_b);
                    } }
            catch(InterruptedException e)
                { Color c = getBackground();g_second.setColor(c);
                  g_second.drawLine(0,0,second_a,second_b);//用背景色清除秒针
                  g_second.drawString("秒",second_a,second_b);
                  return;}
            //秒针向前走一个单位
second_a = (int)point_x[(i+1)%60];
second_b = (int)point_y[(i+1)%60];//每一秒走6度(一个单位格)
g_second.setColor(Color.red);
g_second.drawLine(0,0,second_a,second_b);//绘制新的秒针
g_second.drawString("秒",second_a,second_b);
            i++;
        }
    }
if(Thread.currentThread() == 分针)
    {   munite_a = (int)point_x[munite];munite_b = (int)point_y[munite];
        g_munite.drawLine(0,0,munite_a,munite_b);//分针的初始位置
        g_munite.drawString("分",munite_a,munite_b);
        int i = munite;
        while(true)
            {//第一次,过60-second秒就前进一分钟,以后每过60秒前进一分钟
    try{分针.sleep(1000*60-second*1000);second = 0;
                Color c = getBackground();
                g_munite.setColor(c);
                //用背景色清除前一分钟的分针
                g_munite.drawLine(0,0,munite_a,munite_b);
        g_munite.drawString("分",munite_a,munite_b);
                //如果这时分针与时针重合,则恢复时针的显示
                if((hour_a == munite_a)&&(hour_b == munite_b))
                    { g_hour.drawLine(0,0,hour_a,hour_b);
```

```
                g_hour.drawString("时",hour_a,hour_b);
             }
          }
       catch(InterruptedException e)
          {return;}
          //分针向前走一个单位
          munite_a = (int)point_x[(i+1)%60];
          munite_b = (int)point_y[(i+1)%60];//分针每分钟走6度(一个单位格)
          g_munite.setColor(Color.blue);
          g_munite.drawLine(0,0,munite_a,munite_b);//绘制新的分针
          g_munite.drawString("分",munite_a,munite_b);
          i++;   second = 0;
       } }
  if(Thread.currentThread() == 时针)
    {int h = hour%12;
     hour_a = (int)point_x[h*5+munite/12];
     hour_b = (int)point_y[h*5+munite/12];
     int i = h*5+munite/12;
     g_hour.drawLine(0,0,hour_a,hour_b);
     g_hour.drawString("时",hour_a,hour_b);
   while(true)
   {//首次过12-munite%12分钟就前进一个刻度,以后每过12分钟前进一个刻度
try{
   时针.sleep(1000*60*12-1000*60*(munite%12)-second*1000);munite = 0;
   Color c = getBackground();
   g_hour.setColor(c);
   g_hour.drawLine(0,0,hour_a,hour_b);//用背景色清除前12分钟时的时针
   g_hour.drawString("时",hour_a,hour_b);
   }
   catch(InterruptedException e)
   {  return;  }
   hour_a = (int)point_x[(i+1)%60];
   hour_b = (int)point_y[(i+1)%60];//时针每12分走6度(一个单位格)
   g_hour.setColor(Color.cyan);
   g_hour.drawLine(0,0,hour_a,hour_b);//绘制新的时针
   g_hour.drawString("时",hour_a,hour_b);
   i++;munite = 0;
    }   }   }
 }
```

9.5 本章小结

在游戏开发中,为了改善动画播放的效率,我们经常将多幅图片制作成一张连续图片,如果图片少就制作成一维连续图片,如果图片多就制作成二维连续图片,这样可以大大节省图像的下载时间。那么针对一维连续图片和二维连续图片,我们该如何获取每一画格的图像并制作成动画,在本章里介绍了两种方法,一种是裁剪方法,另一种是使用十个参数的 drawImage 方法,两种方法都通用,需要重点掌握其原理。

思 考 题

1. 要求使用 9.2 节的图像裁剪方法在目的区域的固定位置从左到右、从上到下循环显示如图 9-6 所示的二维动画。

2. 要求使用 9.2 节的图像裁剪方法在目的区域的不同位置从左到右、从上到下循环显示如图 9-6 所示的二维动画,自定义目的区域的位置移动。

第10章 互动与音效

在前面的章节中已经介绍了许多关于动画制作的技巧,虽然动画几乎是整个游戏的核心,但仅仅只有动画技巧并不足以制作出游戏,因为动画无法和玩家产生互动,只是单向的展示而已,因此和玩家互动是每个游戏不可或缺的重要环节。

10.1 鼠标和键盘事件处理机制

Java 游戏中没有许多可用的特殊游戏控制设备(例如摇杆、方向盘,事实上方向盘也是摇杆的一种),而是以传统的鼠标和键盘作为主要的游戏控制设备,这并不是说那些特殊的游戏控制设备不好,而是为了兼顾跨平台的问题。

键盘和鼠标被所有支持 Java 的平台所支持,如果您的 Java 游戏是以键盘和鼠标作为玩家控制游戏的设备,那么就不存在因跨平台而造成的不兼容的问题。但是如何决定在游戏中应该使用鼠标还是键盘呢?这非常重要,难以控制游戏的输入方式将会彻底破坏游戏的可玩性。至于该使用鼠标还是键盘并没有一个肯定的答案,而必须根据游戏的性质而定。

10.1.1 事件

无论是使用键盘还是鼠标,首先必须了解什么是事件(Event)。简单来说,事件是由消息所产生,而输入设备消息就是玩家操作鼠标或键盘而产生的。例如,玩家移动了鼠标、按下键盘上的"Enter"键等都会发生相应的鼠标和键盘消息,Java 程序会自动撷取有用的消息,并将其转换为事件,所以我们只要捕捉对游戏有用的事件,并提供相对应的事件处理方法。

Java 在处理事件时,可以将它分为 3 个角色以负责不同的工作,它们是事件来源、事件倾听者和事件处理者。

事件来源可能是窗口、按钮或其他程序接口组件;事件倾听者是一个类,它以实现接口或继承类的方式来表示对某些事件感兴趣,就像是银行柜台一样,不同的时间倾听者代表不同的柜台,它们专门处理不同的事件(客户状况);而事件处理者就是对事件的处理方法;事件倾听者在接收到事件时,就会调用相关的事件处理者进行处理。

事件倾听者的实现有许多种方式,常见的有实现接口、继承 Adapter 类和内部匿名类,其中最简单、使用最方便的是用户界面的方法,在 Applet 程序中实现事件最常用的也是这种方式。

事件是以一个个的类存在于 Java 语言中,可以打开 API 参考文件来查看,在 Java.awt.event 类套件中所有以 Event 结尾的类都代表一个事件,操作游戏最常用键盘或鼠标,这两个事件类为:KeyEvent,代表键盘事件;MouseEvent,代表鼠标事件。

当玩家使用鼠标和键盘控制游戏时,会不断发生鼠标与键盘事件。既然鼠标与键盘事件在 Java 中是以类来表示,程序中该如何在玩家使用鼠标和键盘时建立这些事件类实例,并针对不同的事件做出相应的响应呢?答案是通过 Java 的事件管理机制。当玩家按下键盘或移动鼠标时,Java 的事件管理机制会检测到这些事件的发生,并且自动建立对应的事件类实例。下面先来看看事件类的继承结构:

```
java.lang.Object
    java.util.EventObject
        java.awt.AWTEvent
            java.awt.event.ComponentEvent
                java.awt.event.InputEvent
                    java.awt.event.KeyEvent
                    java.awt.event.MouseEvent
```

这里注意继承结构的原因是因为其父类提供了许多有用的方法,在稍后会讲解这些方法的用法。

10.1.2 事件接口与处理方法

接下来必须以实现事件处理接口的方式来对事件作出相应的响应,这些类与接口也同样集合在 Java.awt.event 中,下面是与鼠标及键盘事件相关的事件接口:

① 鼠标事件接口——MouseListener,MouseMotionListener。
② 键盘事件接口——KeyListener。

在 Java 中接口定义了尚未实现的方法名称,其中当然有事件处理方法,可以让我们针对不同的事件作出响应。以 KeyListener 为例,就定义了以下几种方法:

```
public interface KeyListener extends EventListener
{
    public void keyTyped(KeyEvent e);//按键按下后随即松开
    public void keyPressed(KeyEvent e);//按下按键
    public void keyReleased(KeyEvent);//松开按键
}
```

在这个接口中的三个方法都是事件处理方法,也就是前面所提到的事件处理者。三者都具有唯一且一样的参数——KeyEvent 类实例,我们可以从这个对象中取得事件发生时的相关消息。如果 Applet 程序要取得玩家操作键盘的信息,就必须实现此接口。

下面列出 MouseListener 接口与 MouseMotionListener 接口的事件处理方法的定义。

```
public interface MouseListener extends EventListener
{
    public void mouseExited (MouseEvent e);//鼠标离开 Component
```

```
    public void mouseClicked(MouseEvent e);//单击鼠标按键
    public void mouseEntered(MouseEvent e);//鼠标进入 Component
    public void mousePressed(MouseEvent e);//按下鼠标按键
    public void mouseReleased(MouseEvent e);//松开鼠标按键
}
public interface MouseMotionListener extends EventListener
{
    public void mouseMoved(MouseEvent e);//鼠标移动时
    public void mouseDragged(MouseEvent e);//鼠标拖曳时
}
```

在实现这些接口时,我们可能会遇到一个麻烦,原因是必须遵守接口中所有方法成员都必须重新定义的规定。即使我们并不希望或不需要对这个事件进行任何处理,在 Applet 程序中还是要将无用的事件处理方法重新定义为"空白"方法,即将原本的";"符号用"{}"来代替,如下所示:

```
public void keyPressed(KeyEvent e){}
```

这就是一种欺骗的方法,Java 编译器并不会理会方法中是否定义有实际的程序代码,它只会检查在实现接口时,是否实现了所有定义的方法。

10.1.3 注册事件处理方法

接下来的关键是如何调用事件处理方法和事件类实例,如何传入到事件处理方法中。基本上只要一个步骤就可以同时解决上述两个问题,那就是在 Applet 程序中"注册"这些事件处理方法,我们必须使用以下的几个方法来注册事件处理方法。

```
public void addKeyListener(KeyListener l)
public void addMouseListener(MouseListener l)
public void addMouseMotionListener(MouseMotionListener l)
```

以上三个方法是 Component 类的方法成员(Applet 是 Component 类的子类),在调用此方法完成注册事件处理方法的动作之后,整个事件处理的动作就完成了,因为那些被自动产生的事件类实例将会被传入 Applet 程序中,并由已注册的事件处理方法来进行处理。

10.2 鼠标事件处理范例

10.2.1 铁锤敲打动画

要求:实现一款铁锤敲打的动画。

(1)当把鼠标指针移到 Applet 的显示区域时,在显示区域中会绘制出铁锤图像,效果如图 10-1 所示。

(2)当鼠标指针离开 Applet 的显示区域时,铁锤图像就会消失。

(3)当按下鼠标左键时,会出现铁锤敲打的效果,效果如图 10-2 所示。

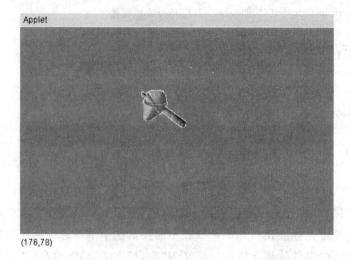

(176,78)

图 10-1　铁锤移到显示区域

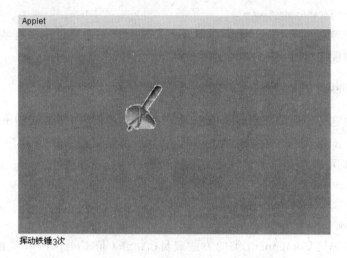

挥动铁锤3次

图 10-2　鼠标左键被按下

提示：(1) 使类继承 MouseListener，MouseMotionListener 接口即把主类声明为事件监听者。

```
public class HandleMouseEvent extends Applet implements Runnable, MouseListener, MouseMotion-
Listener
```

(2) 在 init()函数中注册时间处理方法。

```
addMouseListener(this);
addMouseMotionListener(this);
```

(3) 事件处理方法。

mouseExited()——当鼠标指针离开 Applet 的显示区域时，不显示铁锤图像

mouseEntered()——当鼠标指针进入 Applet 的显示区域时，显示正常的铁锤图像

mouseClicked()——当在 Applet 的显示区域中单击时，将单击次数 clickCount 加 1

mousePressed()——当在 Applet 的显示区域中按下按键时显示敲下的铁锤图像

mouseReleased()——当在 Applet 的显示区域中松开鼠标按键时,显示正常的铁锤图像

mouseMoved()——当鼠标指针在 Applet 的显示区域中移动时,根据鼠标坐标移动铁锤图像

mouseDragged()——当在 Applet 的显示区域中拖曳鼠标时根据鼠标坐标移动铁锤图像

(4) 获取坐标。

mouseEvent 类的 getX() 和 getY() 方法可取得鼠标指针的 X 和 Y 坐标,若想以鼠标指针为中心点来绘制铁锤图像,则:

hammerX = e.getX() - (hammerWidth/2);
hammerY = e.getY() - (hammerHeight/2);

代码如下:

```java
package zhangli;
import java.applet.Applet;
import java.applet.AudioClip;
import java.awt.Color;
import java.awt.Graphics;
import java.awt.Image;
import java.awt.MediaTracker;
import java.awt.event.MouseEvent;
import java.awt.event.MouseListener;
import java.awt.event.MouseMotionListener;
public class HandleMouseEvent extends Applet implements Runnable,
        MouseListener,MouseMotionListener {
    int  AppletWidth,AppletHeight;
    int  hammerX,hammerY,hammerWidth,hammerHeight,clickCount;
    Image hammer1,hammer2,OffScreen,currentHammer;
    Thread newThread;
    boolean showHammer;
    Graphics drawOffScreen;
    MediaTracker MT;
    public void init() {
        addMouseListener(this);//注册事件处理方法
        addMouseMotionListener(this);
        setBackground(Color.gray);//设定背景颜色
        this.setSize(1024,768);
        AppletWidth = getSize().width;//取得 Applet 的高度
        AppletHeight = getSize().height;//取得 Applet 的宽度
        clickCount = 0;//mouseClick 事件发生的次数
        //取得铁锤图像
        hammer1 = getImage(getDocumentBase(),"Images/HAMMER1.gif");
        hammer2 = getImage(getDocumentBase(),"Images/HAMMER2.gif");
        MT = new MediaTracker(this);
        MT.addImage(hammer1,0);
        MT.addImage(hammer2,0);
```

```java
        try {
            showStatus("图像加载中(Loading Images)... ");
            MT.waitForAll();
        } catch (InterruptedException E) {
        }
        hammerWidth = hammer1.getWidth(this);//取得铁锤图像宽度
        hammerHeight = hammer1.getHeight(this);//取得铁锤图像高度
        currentHammer = hammer1;//使用铁锤图像1
        showHammer = false;//先不显示铁锤
        //建立次画面
        OffScreen = createImage(AppletWidth,AppletHeight);
        drawOffScreen = OffScreen.getGraphics();
    }
    public void start() //start()方法
    {
        newThread = new Thread(this);//建立与启动新线程
        newThread.start();
    }
    public void stop() //stop()方法
    {
        newThread = null;//将线程设为null
    }
    public void paint(Graphics g) {
        drawOffScreen.clearRect(0,0,AppletWidth,AppletHeight);//清除次画面
        if (showHammer) //绘制铁锤图像
            drawOffScreen.drawImage(currentHammer,hammerX,hammerY,this);
        g.drawImage(OffScreen,0,0,this);   //将次画面贴到主画面中
    }
    public void update(Graphics g) //update()方法
    {
        paint(g);//只单纯调用paint()方法
    }
    public void run() {
        while (newThread ! = null) //动画循环
        {   repaint();//重新绘制图像
            try {
                Thread.sleep(80);//暂停程序执行80毫秒
            } catch (InterruptedException E) {
            }//没有进行异常处理
        }
    }
    public void mouseExited(MouseEvent e) //鼠标离开Component
    {
```

```java
        if (showHammer)
            showHammer = false;//不绘制铁锤
    }
    public void mouseClicked(MouseEvent e) //鼠标按键被按下后放开
    {
        showStatus("挥动铁锤"+(++clickCount)+"次");
    }
    public void mouseEntered(MouseEvent e) //鼠标进入Component
    {
        if (! showHammer)
            showHammer = true;//绘制铁锤
    }
    public void mousePressed(MouseEvent e) //鼠标按键被按下
    {
        currentHammer = hammer2;//绘制铁锤图像2
    }
    public void mouseReleased(MouseEvent e) //放开鼠标按键
    {
        currentHammer = hammer1;//绘制铁锤图像1
    }
    public void mouseMoved(MouseEvent e) //鼠标移动时
    {
        //设定铁锤图像的坐标
        hammerX = e.getX()-(hammerWidth / 2);
        hammerY = e.getY()-(hammerHeight / 2);
        //碰到边界时的状态
        if (hammerX< = 0)
            hammerX = 0;
        if (hammerX> = (AppletWidth-hammerWidth))
            hammerX = AppletWidth-hammerWidth;
        if (hammerY< = 0)
            hammerY = 0;
        if (hammerY> = (AppletHeight-hammerHeight))
            hammerY = AppletHeight-hammerHeight;
        showStatus("("+hammerX+","+hammerY+")");
    }
    public void mouseDragged(MouseEvent e) //拖曳鼠标时
    {
        //设定铁锤图像的坐标
        hammerX = e.getX()-(hammerWidth / 2);
        hammerY = e.getY()-(hammerHeight / 2);
        //碰到边界时的状态
        if (hammerX< = 0)
```

```
            hammerX = 0;
        if (hammerX >= (AppletWidth - hammerWidth))
            hammerX = AppletWidth - hammerWidth;
        if (hammerY <= 0)
            hammerY = 0;
        if (hammerY >= (AppletHeight - hammerHeight))
            hammerY = AppletHeight - hammerHeight;
        showStatus("(" + hammerX + "," + hammerY + ")");
    }
}
```

10.2.2 简单绘图工具

要求:实现一个简单的绘图工具,效果如图 10-3 所示。

图 10-3 绘图工具

(1) 鼠标指针进入显示区域的时候,指针变成十字形状,提示用户目前处于绘画状态。
(2) 按下鼠标左键的时候 mousePressed(),绘制一个宽度与高度各为 1 的实心矩形。
(3) 单击鼠标右键的时候 mouseClicked(),清除全部绘制的画面。
(4) 按下鼠标左键拖曳的时候 mouseDragged(),绘制宽与高各为 6 的实心矩形。
(5) 松开鼠标按键的时候 mouseReleased(),显示此鼠标事件发生时,按下按键的次数。
(6) 按下"Shift"键移动鼠标的时候 mouseMoved(),实现橡皮擦的功能,并且指针由十字形变成手形。

提示:(1) 关于指针设置部分,使用 Component 类的 setCursor()方法即可。
    public void setCursor(Cursor cursor)
此方法的参数是一个 Cursor 类的实例,Cursor 类位于 Java.awt 中,在此类中已经定义好一指针供我们直接使用。
在使用指针前先要用构造函数来初始化,以下是一个完整的使用方法:
    Cursor drawcursor;
    drawcursor = new Cursor(Cursor.HAND_CURSOR);
    setCursor(drawcursor);

以上是建立并使用手形指针,如果要使用十字形指针,则传入参数 Cursor.
CROSSHAIR_CURSOR。

(2) 关于判断单击了左键还是右键,介绍如下函数。getModifiers()方法是 InputEvent 类的方法成员,而 MouseEvent 和 KeyEvent 都是 InputEvent 类的子类。所以我们可以直接通过 MouseEvent 类实例来调用这个方法,如:

```
MouseEvent e;
e.getModifiers();
```

此方法的功能为取得鼠标被按下的按键。

Java 支持三个按键的鼠标,如果要判断玩家是否按下左键、中键或右键,则必须使用定义在 InputEvent 类中的常量。

① BUTTON1_MASK——左键。
② BUTTON2_MASK——中键。
③ BUTTON3_MASK——右键。

如果要使左键鼠标动作产生某种功能,则需要这样写代码:

```
if((e.getModifiers() & InputEvent.BUTTON1_MASK) != 0)
    {...}
```

在 mouseDragged()、mousePressed() 和 mouseClicked 事件处理方法中都使用了这个技巧。

(3) 如何清除绘制画面或者清除某一块区域?

将 Applet 显示区域用背景色填充,或者将指定的某块区域用背景色填充,就能形成清除画面的效果。

```
drawOffScreen.setColor(getBackground());
drawOffScreen.fillRect(0,0,AppletWidth,AppletHeight);
drawOffScreen.setColor(getForeground());
```

(4) 如何得知鼠标事件发生时,按下按键的次数?

使用以下函数,会返回鼠标事件发生时,按下按键的次数。

```
public int getClickCount()
```

这个方法常用来判断玩家是否进行了双击鼠标按键的动作,判断方法如下:

```
if(e.getClickCount()>=2)
    {...}
```

(5) 在 mouseMoved() 方法中需要判断当鼠标移动时是否按下键盘上的"Shift"键。

下面介绍几个函数,这些方法是定义在 InputEvent 类中的,可以判断是否按下了"Shift"键、"Alt"键、"Ctrl"键。

```
public boolean isShiftDown()
public boolean isControlDown()
public boolean isAltDown()
```

具体使用法:

```
if(e.isShiftDown)
    {...}
```

代码如下:

```java
package zhangli;
import java.applet.Applet;
import java.awt.Color;
import java.awt.Cursor;
import java.awt.Graphics;
import java.awt.Image;
import java.awt.event.InputEvent;
import java.awt.event.MouseEvent;
import java.awt.event.MouseListener;
import java.awt.event.MouseMotionListener;
public class SimpleDrawer extends Applet implements MouseMotionListener,MouseListener
{    int      AppletWidth,AppletHeight,drawX,drawY;
     Image    OffScreen;
     Cursor   drawCursor,eraseCursor;
     Graphics drawOffScreen;
     public void init()
     {   addMouseListener(this);            //注册事件处理方法
         addMouseMotionListener(this);
         this.setSize(1024,700);
         setBackground(Color.white);        //设定背景为白色
         AppletWidth   = getSize().width;   //取得 Applet 的高度
         AppletHeight  = getSize().height;  //取得 Applet 的宽度
         drawCursor    = new Cursor(Cursor.CROSSHAIR_CURSOR);
         eraseCursor   = new Cursor(Cursor.HAND_CURSOR);
         OffScreen     = createImage(AppletWidth,AppletHeight);
         drawOffScreen = OffScreen.getGraphics();
         showStatus("请开始绘图...");
     }
     public void paint(Graphics g)
     {
         //将次画面贴到主画面中
         g.drawImage(OffScreen,0,0,this);
     }
     public void update(Graphics g)         //update()方法
     {
         paint(g);                          //只单纯调用 paint()方法
     }
     public void mouseExited(MouseEvent e)  //鼠标离开 Component
     {
         showStatus("绘图动作结束...");
     }
     public void mouseClicked(MouseEvent e) //鼠标按键被按下后放开
     {   //如果是右键产生的 mouseClicked 事件的话
         if((e.getModifiers() & InputEvent.BUTTON3_MASK) != 0)
         {   //清除次画面
             drawOffScreen.setColor(getBackground());
```

```java
        drawOffScreen.fillRect(0,0,AppletWidth,AppletHeight);
        drawOffScreen.setColor(getForeground());
        repaint();
    }
}
public void mouseEntered(MouseEvent e)         //鼠标进入 Component
{
    setCursor(drawCursor);
    showStatus("请开始绘图 ... ");
}
public void mousePressed(MouseEvent e)         //鼠标按键被按下
{
    //如果是左键产生的 mousePressed 事件的话
    if((e.getModifiers() & InputEvent.BUTTON1_MASK) != 0)
    {
        //绘制一个宽度与高度各为 1 的实心矩形
        drawX = e.getX();
        drawY = e.getY();
        drawOffScreen.fillRect(drawX,drawY,1,1);
        repaint();
    }
}
public void mouseReleased(MouseEvent e)        //鼠标按键放开
{
    showStatus("按下" + e.getClickCount() + "次");
}
public void mouseMoved(MouseEvent e)           //鼠标移动时
{
    if(e.isShiftDown())                        //如果配合按下"shift"键
    {
        setCursor(eraseCursor);
        drawX = e.getX();
        drawY = e.getY();
        drawOffScreen.setColor(getBackground());
        drawOffScreen.fillRect(drawX-5,drawY-5,10,10);
        drawOffScreen.setColor(getForeground());
        repaint();
    }
    else
        setCursor(drawCursor);
}
public void mouseDragged(MouseEvent e)         //鼠标拖曳时
{   //如果是按下左键拖曳的话
    if((e.getModifiers() & InputEvent.BUTTON1_MASK) != 0)
    {   //绘制粗线条
        drawOffScreen.fillRect(drawX-3,drawY-3,6,6);
        drawX = e.getX();
```

```
            drawY = e.getY();
            repaint();
        }
    }
}
```

10.2.3 鼠标版拼图游戏

要求：实现一款鼠标版拼图游戏。

（1）用户可以用鼠标选择要进去拼图的原图片，如图10-4所示。

图 10-4　选择要进行拼图的图片

（2）图片被选取后呈阴影效果显示并进入拼图阶段，如图10-5所示。

图 10-5　选中某一幅图片效果

(3) 每张大图被分割成 15 幅小图,与一个空白图片组成 4×4 矩阵,空白图片初始位置在右下角,15 幅小图片每次初始位置随机分配,如图 10-6 所示。

图 10-6　进入拼图游戏界面

(4) 可以通过鼠标选取任意一副非空白小图片与空白图片交换位置以完成拼图。代码如下:

```
package zhangli;
import java.applet.Applet;
import java.awt.*;
import java.applet.*;
import java.awt.event.*;
public class Pin extends Applet implements MouseListener,MouseMotionListener{
    private Image picture;
    private Graphics buffer;
    private Image pic[];
    private Image off_pic[];
    private Graphics off_buf[];
    private Image off_screen;
    private Graphics off_buffer;
    private Image off_drag;
    private Graphics off_drag_buf;
    private int map[][];
    private int ran[];
    private int width = 0;
    private int height = 0;
    private int lastx;
    private int lasty;
```

```java
            private int last_downx;
            private int last_downy;
            private int stepx;
            private int stepy;
            private boolean choose;
            private boolean click[][];
            private boolean m_down;
            private boolean m_drag;
            private boolean not_redraw;
            private boolean able;
            Font font1,font2;
            public void init()
            {   resize(640,480);
                pic = new Image [3];
                off_pic =   new Image[16];
                off_buf = new Graphics [16];
                map = new int [4][4];
                ran = new int [15];
                for(int a = 0;a<16;a++)
                    map[a/4][a%4] = a;
                for(int a = 0;a<15;a++)
                    ran[a] = a;
                click = new boolean [4][4];
                MediaTracker tracker = new MediaTracker (this);
                pic[0] = getImage(getCodeBase(),"image/PICTURE0.JPG");
                pic[1] = getImage(getCodeBase(),"image/PICTURE1.JPG");
                pic[2] = getImage(getCodeBase(),"image/PICTURE2.GIF");
                tracker.addImage (pic[0],0);
                tracker.addImage (pic[1],0);
                tracker.addImage (pic[2],0);
                try{  tracker.waitForID (0);
                }catch(InterruptedException e){}
                font1 = new Font ("TimesRoman ",Font.BOLD,48);
                font2 = new Font ("TimesRoman ",Font.BOLD,32);
                width = 640;
                height = 480;
                initForm();
                addMouseListener(this);
                addMouseMotionListener(this);
            }
        void initForm()
            {
                this.setBackground (Color.orange);
```

```
        if(off_drag = = null){
            off_drag = createImage(width/4,height/4);
            off_drag_buf = off_drag.getGraphics ();
        }
    }
    public void paint(Graphics g){
        if(off_screen = = null)
        {
            off_screen = createImage(width,height);
            off_buffer = off_screen.getGraphics ();
        }
        if(able){
            off_buffer.setColor (Color.white );
            for(int a = 0;a<4;a + + )
                for(int b = 0;b<4;b + + )
                {   if(map[a][b]! = 15)
                    off_buffer.drawImage (off_pic[map[a][b]],b * width/4,a * height/4,this);
                        if(map[a][b] = = 15)
                        off_buffer.fillRect (b * width/4,a * height/4,width/4,height/4);
                        for(int c = 0;c<2;c + + )
                    off_buffer.drawRect (b * width/4 + c,a * height/4 + c,width/4-c,height/4-c);
                        if(click[a][b])
                        {   off_buffer.setColor(Color.red);
                            for(int d = 0;d<2;d + + )
                    off_buffer.drawOval (b * width/4-d,a * height/4-d,width/4 + d,height/4 + d);
                            off_buffer.setColor (Color.black );
                        }  }
        }
        else{
            off_buffer.setColor (Color.orange );
            off_buffer.fillRect (0,0,640,480);
            off_buffer.setFont (font1);
            off_buffer.setColor(Color.red );
            off_buffer.drawImage (pic[2],30,50,250,180,this);
            off_buffer.drawImage (pic[0],370,160,250,180,this);
            off_buffer.drawImage (pic[1],60,270,250,180,this);
            off_buffer.drawString ("请选择图片! ",320,100);
        }
      g.drawImage (off_screen,0,0,this);
}
    public void repaint(){
        paint(this.getGraphics ());
    }
```

```java
public void mouseClicked(MouseEvent evt){}
public void mouseEntered(MouseEvent evt){}
public void mouseExited(MouseEvent evt){}
public void mouseMoved(MouseEvent evt){
    if(!able){
        Point point;
        point = evt.getPoint();
        if(point.x>30 && point.x<280 && point.y>50 && point.y<230)
        {
            off_buffer.setColor (Color.orange );
            off_buffer.fillRect (0,0,640,480);
            off_buffer.setFont (font1);
            off_buffer.drawImage (pic[2],25,45,250,180,this);
            off_buffer.drawImage (pic[0],370,160,250,180,this);
            off_buffer.drawImage (pic[1],60,270,250,180,this);
            off_buffer.setColor(Color.black );
            off_buffer.fillRect (30,225,250,5);
            off_buffer.fillRect (275,50,5,176);
            off_buffer.setColor(Color.red );
            off_buffer.drawString ("已选图片3! ",320,100);
            this.getGraphics ().drawImage (off_screen,0,0,this);
        }
        else if(point.x>370 && point.x<620 && point.y>160 && point.y<340)
        {   off_buffer.setColor (Color.orange );
            off_buffer.fillRect (0,0,640,480);
            off_buffer.setFont (font1);
            off_buffer.drawImage (pic[2],30,50,250,180,this);
            off_buffer.drawImage (pic[0],365,155,250,180,this);
            off_buffer.drawImage (pic[1],60,270,250,180,this);
            off_buffer.setColor(Color.black );
            off_buffer.fillRect (370,335,250,5);
            off_buffer.fillRect (615,160,5,175);
            off_buffer.setColor(Color.red );
            off_buffer.drawString ("已选图片1! ",320,100);
            this.getGraphics ().drawImage (off_screen,0,0,this);
        }
        else if(point.x>60 && point.x<310 && point.y>270 && point.y<450)
        {   off_buffer.setColor (Color.orange );
            off_buffer.fillRect (0,0,640,480);
            off_buffer.setFont (font1);
            off_buffer.drawImage (pic[2],30,50,250,180,this);
            off_buffer.drawImage (pic[0],370,160,250,180,this);
            off_buffer.drawImage (pic[1],55,265,250,180,this);
```

```java
                off_buffer.setColor(Color.black);
                off_buffer.fillRect (60,445,250,5);
                off_buffer.fillRect (305,270,5,175);
                off_buffer.setColor(Color.red);
                off_buffer.drawString ("已选图片2!",320,100);
                this.getGraphics ().drawImage (off_screen,0,0,this);
            }
            else{
                repaint();
            } }
    }
    public void mouseDragged(MouseEvent evt){
        if(!able)
            return;
        if(m_down){
            Point point;
            Point temp;
            point = evt.getPoint();
            m_drag = true;
            repaint();
            Graphics david = this.getGraphics ();
            if(! not_redraw)
                off_drag_buf.drawImage (off_pic[map[last_downy][last_downx]],0,0,this);
            david.drawImage (off_drag,point.x + stepx,point.y + stepy,this);
            not_redraw = true;
        }
    }
    public void mousePressed(MouseEvent evt){
        if(!able)
            return;
        Point point;
        Point temp;
        point = evt.getPoint();
        if(getarea(point) == point)
            return;
        else {
            temp = getarea(point);
            if(! m_down){
                if(map[temp.y][temp.x] == 15)
                    return;
                else{
                    m_down = true;
                    last_downx = temp.x;
```

```java
                        last_downy = temp.y;
                        stepx = temp.x * 160-point.x;
                        stepy = temp.y * 120-point.y;
                    }
                }
                else if(m_down){
                    m_down = false;
                }
            }
        }
        public void mouseReleased(MouseEvent evt){
        if(able){
            if(m_drag){
                m_down = false;m_drag = false;not_redraw = false;
                Point point;
                Point temp;
                point = evt.getPoint();
                if(getarea(point) == point)
                {   repaint();
                    return;}
                else {
                    temp = getarea(point);
                    if(map[temp.y][temp.x]! = 15){
                        repaint();return;}
                    else{
                        if(Math.abs (last_downx-temp.x) == 1 && last_downy-temp.y == 0)
                            {
                                int david;
                                david = map[last_downy] [last_downx];
                                map[last_downy][last_downx] = 15;
                                map[temp.y][temp.x] = david;
                                if(wingame())
                                    able = false;
                                repaint();
                                return;
                            }
                        else if(last_downx-temp.x == 0 && Math.abs (last_downy-temp.y) == 1)
                            {   int david;
                                david = map[last_downy] [last_downx];
                                map[last_downy][last_downx] = 15;
                                map[temp.y][temp.x] = david;
                                if(wingame())
                                    able = false;
```

```
                        repaint();
                        return;
                    }
                    else{repaint();return;}
            }   }   }
    }
        else{
            Point point;
            point = evt.getPoint();
            if(point.x>30 && point.x<280 && point.y>50 && point.y<230)
            {able = true;   initmap(2);}
            if(point.x>370 && point.x<620 && point.y>160 && point.y<340)
            {able = true;initmap(0);}
            if(point.x>60 && point.x<310 && point.y>270 && point.y<450)
            {able = true;initmap(1);}
            else return;
        }
}
public Point getarea(Point point){
    if(point.x>640 || point.y>480)
        return point;
    else return point = new Point (point.x/160,point.y/120);
}
void initmap(int stage){
    picture = createImage(width,height);
    buffer = picture.getGraphics ();
    buffer.drawImage (pic[stage],0,0,640,480,this);
    for(int a = 0;a<15;a++)
    {
            off_pic[a] = createImage(width/4,height/4);
            off_buf[a] = off_pic[a].getGraphics ();
            off_buf[a].drawImage (picture,0,0,width/4,height/4,
        (a%4)*width/4,(a/4)*height/4,(a%4+1)*width/4,(a/4+1)*height/4,this);
    }
    initgame();
    repaint();
}
boolean wingame(){
    for(int a = 0;a<4;a++)
        for(int b = 0;b<4;b++)
    {
        if(map[a][b] == a*4+b);
        else return false;
    }
    return true;
}
void initgame(){
```

```
            for(int a = 0;a<4;a++)
                for(int b = 0;b<4;b++)
                {   if(!(a==3 && b==3)){
                            map[a][b] = (int)(Math.random() * 14);
                            if(ran[map[a][b]]==-1)
                            {   int temp = map[a][b];
                                while(ran[temp]==-1){
                                    temp++;
                                    if(temp>14)
                                        temp = 0;
                                }
                                map[a][b] = ran[temp];
                                ran[temp] = -1;
                            }
                            else{
                                ran[map[a][b]] = -1;
                            }
                    }
                    else map[3][3] = 15;
                }   }
        }
```

10.3 键盘事件处理范例

处理键盘事件和处理鼠标事件的方法非常类似,先在 Applet 程序中实现 KeyListener 接口(Overriding 其中的三个事件处理方法),然后再注册事件处理方法,这样便可以针对玩家对键盘的操作进行适当地处理。注册键盘的事件处理方法必须使用 Component 类中的 addKeyListenter 方法。

public void addKeyListener(KeyListener 1)

在开始重新定义键盘的事件处理方法前,必须先了解对应的键盘事件在何时产生?这是处理键盘事件时非常关键的问题。键盘可能发生的事件为 keyPressed(按下)、keyReleased(松开)、keyTyped(输入),其中最重要的是 keyTyped 事件,它发生在 keyPressed 和 keyReleased 连续发生之后。如果要取得键盘输入的字符,可以在相应的事件处理方法中使用 keyEvent 类的 getKeyChar()方法。

public char getkeyChar()

例如:当玩家按下〈P〉键时,在 keyTyped 事件处理方法中使用 getKeyChar()方法即可取得字符"p"。乍看之下这似乎是一个读取键盘输入的好方法,其实不然。

在某些特殊情况下,游戏中可能会使用一些组合键,例如当按下"R"键,游戏的主角会向右移动,如果同时按下"Shift"键则会加快主角向右移动的速度。在这种情况下,我们会遇到一个无法解决的问题:当"R"键和"Shift"键同时被按下时,keyTyped 事件根本就不会发生,即使使用 getKsyChar()方法,也无法读取到按下"Shift"键时所产生的字符。

事实上在游戏中使用 keyTyped 事件来处理玩家对键盘的操作不是一个很好的方法,因为存在的限制条件太多了,而使用 keyPressed 和 keyReleased 事件是较理想的方法,这两个事件非常单纯,当玩家按下按键时就产生 keyPressed 事件,松开按键时就产生 keyReleased 事件。

那么该如何在这两个事件中得知玩家到底按下了哪一个按键呢？很简单,使用 KeyEvent 类的 getKeyCode()方法即可。

    public int getKeyCode()

此方法会返回键盘按键对应的虚键,例如当按下"R"键时,使用 getKeyChar()方法会得到"VK_R",当按下"Shift"键时会得到"VK_SHIFT",这些虚键定义在 KeyEvent 类中。接下来的程序将示范如何处理键盘事件。

10.3.1 人物走动动画

要求:实现一款人物走动动画。

(1) 实现人物走动动画与事件处理相结合,首先准备人物走动的分格图片,如图 10-7 所示,人物的走动图以三张为一个单位,分为跨右脚、直立、跨左脚三个动作。

图 10-7 人物走动二维图片

(2) 人物根据键盘按键朝不同方向走动,走到边缘时候应该停滞不前,而不能穿墙而过,如图 10-8～图 10-11 所示。

图 10-8 按"↑"键人物朝上走

图 10-9　按"↓"键人物朝下走

图 10-10　按"←"键人物朝左走

图 10-11　按"→"键人物朝右走

思路：像第 9 章二维图像绘制动画一样，我们使用 drawImage()来指定不同的绘图来源区域，并进行连续播放，这样就会有人物走动的感觉，再配合图片目的区域的变化，就可以完成一个简单的人物走动动画。

提示：(1) 在绘制图像部分可能有所变化，首先在 init()函数里绘制人物图片的初始位置，因为人物的图片位置是由键盘来控制的，所以 drawOffScreen. clearRect()和 drawOff-Screen. drawImage()函数都是写在键盘控制语句里的。

(2) 人物在走动过程中不仅位置在变化，而且姿势也在不断变化，因此在走动过程中，需要设置的变量比较多。

```
public void keyPressed(KeyEvent e) {
    key = e.getKeyCode();
    drawOffScreen.clearRect(0,0,AppletWidth,AppletHeight);
    if (key == KeyEvent.VK_RIGHT) {
        drawOffScreen.drawImage(character,ImageX,ImageY,ImageX + 72,
            ImageY + 93,sx,31,sx + 24,62,this);
        repaint();
        ImageX += 2;
        sx += 24;
        if (sx > 48)
        sx = 0;
    }
}
```

代码如下：

```
package zhangli;
import java.applet.Applet;
import java.awt.Color;
import java.awt.Graphics;
import java.awt.Image;
import java.awt.MediaTracker;
import java.awt.event.KeyEvent;
import java.awt.event.KeyListener;
public class HandleKeyboardEvent extends Applet implements KeyListener {
    int ImageWidth,ImageHeight,ImageX,ImageY;
    int AppletWidth,AppletHeight,key;
    int sx;
    Image character,OffScreen;
    Thread newThread;
    Graphics drawOffScreen;
    MediaTracker MT;
    public void init() {
        addKeyListener(this);// 注册事件处理方法
        setBackground(Color.white);// 设定背景颜色
        this.setSize(1024,768);
```

```java
        AppletWidth = getSize().width;// 取得 Applet 的高度
        AppletHeight = getSize().height;// 取得 Applet 的宽度
        sx = 0;
        MT = new MediaTracker(this);
        character = getImage(getDocumentBase()," Images/character.gif ");
        MT.addImage(character,0);
        try {
            showStatus("图像加载中(Loading Images)... ");
            MT.waitForAll();
        } catch (InterruptedException E) {  }
        OffScreen = createImage(AppletWidth,AppletHeight);
        drawOffScreen = OffScreen.getGraphics();
        ImageWidth = character.getWidth(this) / 3;// 图像的高度
        ImageHeight = character.getHeight(this) / 4;// 图像的宽度
        ImageX = (AppletWidth-ImageWidth) / 3;// 图像的 X 坐标
        ImageY = (AppletHeight-ImageHeight) / 3;// 图像的 Y 坐标
        drawOffScreen.clearRect(0,0,AppletWidth,AppletHeight);
        drawOffScreen.drawImage(character,ImageX,ImageY,ImageX + 72,
                ImageY + 93,0,0,24,31,this);
    }
    public void paint(Graphics g) {
            g.drawImage(OffScreen,0,0,this);
    }
    public void update(Graphics g) // update()方法
    {
        paint(g);// 只单纯调用 paint()方法
    }
    public void keyTyped(KeyEvent e) {  }
    public void keyPressed(KeyEvent e) {
        key = e.getKeyCode();
        drawOffScreen.clearRect(0,0,AppletWidth,AppletHeight);
        if (key == KeyEvent.VK_RIGHT) {
            drawOffScreen.drawImage(character,ImageX,ImageY,ImageX + 72,
                    ImageY + 93,sx,31,sx + 24,62,this);
            repaint();
            ImageX += 2;
            sx += 24;
            if (sx > 48)
                sx = 0;
        } else if (key == KeyEvent.VK_LEFT) {
            drawOffScreen.drawImage(character,ImageX,ImageY,ImageX + 72,
                    ImageY + 93,sx,93,sx + 24,124,this);
            repaint();
```

```
                ImageX -= 2;
                sx += 24;
                if (sx > 48)
                    sx = 0;
        } else if (key == KeyEvent.VK_UP) {
            drawOffScreen.drawImage(character,ImageX,ImageY,ImageX + 72,
                    ImageY + 93,sx,0,sx + 24,31,this);
            repaint();
            ImageY -= 2;
            sx += 24;
            if (sx > 48)
                sx = 0;
        } else if (key == KeyEvent.VK_DOWN) {
            drawOffScreen.drawImage(character,ImageX,ImageY,ImageX + 72,
                    ImageY + 93,sx,62,sx + 24,93,this);
            repaint();
            ImageY += 2;
            sx += 24;
            if (sx > 48)
                sx = 0;
        }
    }
    public void keyReleased(KeyEvent e) { }
}
```

10.3.2 键盘版拼图游戏

要求：实现一个拼图游戏，左侧是完整的全貌图，右侧是随机散乱的分割图，如图10-12所示。

图 10-12 拼图游戏效果图

（1）程序共有10张大图，每次程序执行时图片出现的顺序随机。

（2）每张大图被分割成24幅小图，与一个空白图片组成5×5矩阵，空白图片初始位置在右下角，24幅小图片每次初始位置随机分配。

（3）通过键盘的上下左右键来交换右下角空白图片与其他小图片位置完成拼图。

(4)在规定范围内完成任务后显示积分并进入下一关。

代码如下：

```java
public class dazuoyw extends Applet implements
Runnable,MouseListener,MouseMotionListener,KeyListener
{
    GregorianCalendar time;
    AudioClip aa,ab,ac;
    Image[] Animation = new Image[25];
    Image[] Animation1 = new Image[25];
    Image[] Animation2 = new Image[25];
    Image[] img = new Image[10];
    ImageProducer   Source;
    CropImageFilter CutImage;
    Image SerialImage;
    Image OffScreen;
    Image t,ii;
    Image kong;
    Graphics drawOffScreen;
    Image beijing1;
    Thread NewThread;
    public MediaTracker a = new MediaTracker(this);
    int
Ascent,Descent,Width,AppletWidth,AppletHeight,ImageWidth,ImageWidth1,ImageHeight;
    boolean b = false,b1 = true,b2 = false,b3 = false,b4 = false,b5 = true;
    int key,tu,tt;
    double mm = Math.random();
    int x = 0,y = 0,chu,jj;
    int star_x = 600 + 4 * 128,star_y = 0 + 4 * 96;
    int hour,minute,second,hour1 = 0,minute1 = 0,second1 = 0;
    public void init()
    {
        chu = 24;
        tt = (int)((mm * 10) % 3);
        jj = (int)((mm * 10));
        setSize(1680,1050);
        OffScreen = createImage(1680,1050);
        drawOffScreen = OffScreen.getGraphics();
        aa = getAudioClip(getCodeBase(),"Audio/AUDIO1.AU");
        ab = getAudioClip(getCodeBase(),"Audio/AUDIO2.AU");
        ac = getAudioClip(getCodeBase(),"Audio/AUDIO3.AU");
        ii = this.getImage(getCodeBase(),"images1/10.JPG");
        a.addImage(ii,0);
        kong = getImage(getCodeBase(),"image/kong.JPG");
```

```java
        a.addImage(kong,0);
    beijing1 = getImage(getCodeBase(),"image/beijing1.JPG");
        a.addImage(beijing1,0);
    SerialImage = getImage(getCodeBase(),"image/SERIAL "+(jj)+".JPG");
    Source = SerialImage.getSource();
    for(int i = 0,j = 0,k = 0;k<24;k++,i++)
    {
        if(i==5)
        {
            i = 0;
            j++;
        }
    CutImage = new CropImageFilter(i*128,j*96,128,96);
    Animation[k] = createImage(new FilteredImageSource(Source,CutImage));
        a.addImage(Animation[k],0);
    Animation1[k] = createImage(new FilteredImageSource(Source,CutImage));
        a.addImage(Animation1[k],0);   }
    for(int i = 0;i<10;i++)
    {
        img[i] = this.getImage(getCodeBase(),"images1/"+i+".JPG");
        a.addImage(img[i],0);
    }
    for(int i = 23;i>2;i--)
    {
        if(i%3==tt)
        {t = Animation[i];Animation[i] = Animation[i-3];Animation[i-3] = t;}
    }
    Animation[24] = kong;
    Animation2 = Animation;
    try {
        a.waitForAll();
    } catch (InterruptedException e) {
        e.printStackTrace();   }
    drawOffScreen.drawImage(beijing1,0,0 ,this);
    addMouseListener(this);
    addMouseMotionListener(this);
    addKeyListener(this);   }
public void paint(Graphics g)
{
    AppletWidth = getSize().width;
    AppletHeight = getSize().height;
    ImageWidth = img[0].getWidth(this);
    ImageWidth1 = ii.getWidth(this);
```

```java
            ImageHeight = img[0].getHeight(this);
            if((a.statusAll(false)&MediaTracker.ERRORED)!=0)
            {   g.drawString("图片加载失败！",0,0);
                return;  }
            drawOffScreen.drawImage(SerialImage,0,0,640*4/5,480*4/5 ,this);
            if(b)
            {for(int i=0;i<24;i++)
            {drawOffScreen.drawImage(Animation[tu],600+x*128,0+y*96 ,this);}
            drawOffScreen.drawImage(Animation[24],star_x,star_y ,this);
            }
            if(b4)
                drawOffScreen.drawImage(ii,200+2*ImageWidth,815,this);
            if(hour<10)
            {   drawOffScreen.drawImage(img[0],200,800,this);
                drawOffScreen.drawImage(img[hour],200+ImageWidth,800,this);  }
            else
            {   drawOffScreen.drawImage(img[hour/10],200,800,this);
                drawOffScreen.drawImage(img[hour%10],200+ImageWidth,800,this);}
            if(minute<10){
        drawOffScreen.drawImage(img[0],200+2*ImageWidth+ImageWidth1,800,this);
        drawOffScreen.drawImage(img[minute],200+3*ImageWidth+ImageWidth1,800,this);}
                else  {
        drawOffScreen.drawImage(img[minute/10],200+2*ImageWidth+ImageWidth1,800,this);
        drawOffScreen.drawImage(img[minute%10],200+3*ImageWidth+ImageWidth1,800,this);}
                if(second<10){
        drawOffScreen.drawImage(img[0],200+4*ImageWidth+ImageWidth1,800+ImageHeight*2/3,
ImageWidth/2,ImageHeight/3,this);
            drawOffScreen.drawImage(img[second],200+4*ImageWidth+ImageWidth1+ImageWidth/2,800
+ImageHeight*2/3,ImageWidth/2,ImageHeight/3,this);  }
                else{
        drawOffScreen.drawImage(img[second/10],200+4*ImageWidth+ImageWidth1,800+Image-
Height*2/3,ImageWidth/2,ImageHeight/3,this);
            drawOffScreen.drawImage(img[second%10],200+4*ImageWidth+ImageWidth1+ImageWidth/2,
800+ImageHeight*2/3,ImageWidth/2,ImageHeight/3,this);  }
            g.drawImage(OffScreen,0,0,this);}
        public void update(Graphics g){paint(g);}
        public void start(){
            NewThread = new Thread(this);
            NewThread.start();}
        public void run() {
            while(NewThread!=null)
            {
                time = new GregorianCalendar();
```

```java
            hour = time.get(Calendar.HOUR_OF_DAY);
            minute = time.get(Calendar.MINUTE);
            second = time.get(Calendar.SECOND);
        if(second % 2 == 0)
            b4 = false;
        else
            b4 = true;
        if(b) {
        if(tu == 23)
            tu = 0;
        else
            tu ++ ;
        x ++ ;
        if(x == 5){
            y += 1;
            x = 0;   }
        if((y == 4)&&(x == 4))
        {
            x = 0;
            y = 0;
        }}
        try {
            Thread.sleep(225);
        } catch (InterruptedException e) {
            e.printStackTrace();   }
    if(b1){
    repaint();   }   }   }
public void stop(){
    NewThread = null;   }
    public void mouseDragged(MouseEvent e) {}
    public void mouseMoved(MouseEvent e) {}
    public void mouseClicked(MouseEvent e) {
    if((e.getModifiers()&InputEvent.BUTTON3_MASK)! = 0)
    {
        drawOffScreen.clearRect( 0,0,AppletWidth,AppletHeight);
        drawOffScreen.drawImage(beijing1,0,0 ,this);
        b = false;
        b1 = true;   }   }
public void mouseEntered(MouseEvent arg0) { }
public void mouseExited(MouseEvent arg0) {   }
public void mousePressed(MouseEvent e) {
  if(b1)
  if(e.getX()> = 550&&e.getX()< = 915&&e.getY()< = 410&&e.getY()> = 360)
```

```java
            {
                   drawOffScreen.clearRect( 0,0,AppletWidth,AppletHeight);
                   repaint();
                   b = true;    }    }
          public void mouseReleased(MouseEvent arg0) {   }
          public void keyPressed(KeyEvent e) {
                   key = e.getKeyCode();
                   if(key == KeyEvent.VK_ENTER){
                   b1 = false;
                   b = false;
                   b2 = true;
                   hour = time.get(Calendar.HOUR_OF_DAY);
                   minute = time.get(Calendar.MINUTE);
                   second = time.get(Calendar.SECOND);}
       if(b2){if(key == KeyEvent.VK_RIGHT)
              {if(star_x! = 600&&chu>0)
              {aa.play();
   t = Animation2[chu];Animation2[chu] = Animation2[chu-1];Animation2[chu-1] = t;
              chu = chu-1;
              drawOffScreen.drawImage(Animation2[chu],star_x-128,star_y ,this);
              drawOffScreen.drawImage(Animation2[chu + 1],star_x,star_y ,this);
              repaint();
              if(star_x == 600)
                  star_x = 600;
                  else
                      star_x -= 128;}   }
  if(key == KeyEvent.VK_LEFT)
  {   if(star_x! = 600 + 4 * 128&&chu<24)
      {aa.play();
t = Animation2[chu];Animation2[chu] = Animation2[chu + 1];Animation2[chu + 1] = t;
              chu = chu + 1;
              drawOffScreen.drawImage(Animation2[chu],star_x + 128,star_y ,this);
              drawOffScreen.drawImage(Animation2[chu-1],star_x,star_y ,this);
              repaint();

              if(star_x == 600 + 4 * 128)
                  star_x = 600 + 4 * 128;
              else
                  star_x += 128;}   }
      if(key == KeyEvent.VK_DOWN)
      {   if(star_y! = 0&&chu>4)
          {aa.play();
t = Animation2[chu];Animation2[chu] = Animation2[chu-5];Animation2[chu-5] = t;
```

```
            chu = chu-5;
        drawOffScreen.drawImage(Animation2[chu],star_x,star_y-96 ,this);
        drawOffScreen.drawImage(Animation2[chu + 5],star_x,star_y ,this);
        repaint();
        if(star_y = = 0)
            star_y = 0;
        else
            star_y- = 96;} }
    if(key = = KeyEvent.VK_UP)
    {   if(star_y! = 4 * 96&&chu<21)
        {aa.play();
    t = Animation2[chu];Animation2[chu] = Animation2[chu + 5];Animation2[chu + 5] = t;
            chu = chu + 5;
        drawOffScreen.drawImage(Animation2[chu],star_x,star_y + 96 ,this);
        drawOffScreen.drawImage(Animation2[chu-5],star_x,star_y ,this);
        repaint();
        if(star_y = = 4 * 96)
            star_y = 4 * 96;
        else
            star_y + = 96;}}   }}
    public void keyReleased(KeyEvent arg0) {   }
    public void keyTyped(KeyEvent e) {   }
}
```

10.4　Java 音效处理

一个好的游戏不但要有流畅的画面来满足玩家的视觉需求,而且还要同时满足玩家的听觉需求,也就是说要有良好的声光效果,本节将介绍如何在游戏中播放声音。

10.4.1　支持的音效文件

在学习如何在游戏中使用音效前,必须知道 Applet 程序所支持的音效类型。在 Applet 程序中所要使用的音效文件和图片文件一样,都是通过互联网来取得的,没有一个使用者能忍受游戏启动前花很长时间来下载音效文件,因此 Applet 程序在被设计时就只支持一种体积相当小的音效格式——au 格式。

体积小是 au 格式文件的优点,这样下载比较快,但其音质也较差,此格式仅支持单声道而且采样频率为 8 000 Hz。不过这是 Applet 程序目前唯一的选择,所以 Java 中的音效使用只能说适当就好,无法与单机游戏相比。

10.4.2　下载音效文件

和图像文件一样,声音文件也必须通过因特网下载来获得,可以使用 Applet 类中的下面方法成员取得音效文件：

  public AudioClip getAudioClip(URL url,String name)

  和图像文件类似，最好在 src 目录中建立一个专门存放音效文件的目录（例如 Audio），然后再使用下面的方式加载音效文件：

  getAudioClip(getCodebase(),"Audio/audio1.au");

  被下载的音效文件会以 AudioClip 的形式存在。接着使用下面这三个 AudioClip 的方法成员来在 Applet 中播放音效。

  public void play() //播放音效
  public void loop() //循环播放音效
  public void stop() //停止播放音效

  其实 Applet 类本身也有可以用来播放音效的方法成员，不过这个方法只能用来播放而已，并不能循环播放或停止播放音效，方法如下所示：

  public void play(URL url,String name)

10.4.3 使用音效文件

  要求：为人物走动动画增加音效。
  给定三个音效文件，将其添加到前面人物走动的程序中，放在合适的位置。
  提示：(1) 声明 AudioClip 类型变量。
  (2) 在 init()方法中调用 getAudioClip()方法来加载音效文件。
  (3) 在 keyPressed()事件处理中添加相应音效的播放函数。
  (4) 将程序修改成使用线程编程，实现 Runnable 接口。
  需注意的是，在程序中我们并不使用 MediaTracker 来追踪欲下载的音效文件，这并不表示音效文件不需要被追踪，到目前为止没有一个有效的方法可以确定音效文件正确下载。

10.4.4 模拟钢琴弹奏

  要求：实现一个钢琴面板，通过鼠标或者键盘进行弹奏，效果如图 10-13 和图 10-14 所示。

图 10-13 钢琴面板

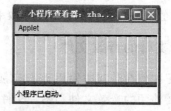
图 10-14 钢琴某一按键被按下

  (1) 创建一个带有模拟钢琴键盘的面板。
  (2) 用户可以通过鼠标来"敲击"钢琴键盘发出声音。
  (3) 用户可以通过键盘的1~7键弹奏低音1~7。
  (4) 用户可以通过键盘的组合键实现钢琴的高音，用"Ctrl＋1"键到"Ctrl＋7"键弹奏高音1~7。

  编程思路：首先，本练习因为要制作模拟钢琴的实例，所以首先要生成程序界面：先通过语句 Image m_ImgUp 生成键盘、鼠标松开时显示的键盘图片,再通过语句 Image m_ImgDown 生成键盘、鼠标按下时显示的键盘图片,最后通过语句 m_ImgUp = getImage(getDocumentBase(),"img/up.gif")和语句 m_ImgDown = getImage(getDocumentBase(),"img/down.gif")加载图片,生成钢琴界面。

然后,因为要实现模拟钢琴效果,所以要模拟声音的播放,首先通过语句 AudioClip[] m_AudioClip = new AudioClip[14]生成一个音频对象的数组,保存七个中音和七个高音的声调,最后,通过函数 public void keyPressed(KeyEvent e)来响应按下键盘的动作,实现声音的播放。

代码如下:

```java
package zhangli;
import java.applet.*;
import java.awt.*;
import java.awt.event.*;
public class Piano extends Applet implements MouseListener,KeyListener,MouseMotionListener
{    //变量声明
    Image m_ImgUp;//键盘、鼠标松开时显示的键盘图片
    Image m_ImgDown;//键盘、鼠标按下时显示的键盘图片
    AudioClip[] m_AudioClip = new AudioClip[14];
    int[] m_nState = new int[14];
    int m_nOldDownCount = -1;
    final int IMG_WIDTH = 17;
    final int IMG_HEIGHT = 85;
    final int STATE_UP = 0;
    final int STATE_DOWN = 1;
    public void init()//初始化小程序
    {   for(int i = 0;i<14;i++)
        { m_nState[i] = 0;}
        m_ImgUp = getImage(getDocumentBase(),"img/up.gif");
        m_ImgDown = getImage(getDocumentBase(),"img/down.gif");
        MediaTracker mediaTracker = new MediaTracker(this);
        mediaTracker.addImage(m_ImgUp,0);
        mediaTracker.addImage(m_ImgDown,1);
        try
        { mediaTracker.waitForID(0);}
        catch(Exception e)
        {System.out.println("m_ImgUp is not loaded right");}
        try
        {mediaTracker.waitForID(1);}
        catch(Exception e)
        {System.out.println("m_ImgDown is not loaded right");}
        for(int i = 0;i<14;i++){
            String sUrl = new String("au/"+ i +".au");
```

```java
            m_AudioClip[i] = getAudioClip(getCodeBase(),sUrl);}
        addKeyListener(this);
        addMouseListener(this);
        addMouseMotionListener(this);}
    public void paint(Graphics g) //画屏函数
    {   for(int i = 0;i<14;i++) {
            switch(m_nState[i]) {
                case STATE_UP:
                    g.drawImage(m_ImgUp,i*IMG_WIDTH,0,this);
                    break;
                case STATE_DOWN:
                    g.drawImage(m_ImgDown,i*IMG_WIDTH,0,this);
                    break;}   }   }
    public static void main(String[] args) //主函数
    {   Frame frame = new Frame();
        Piano piano = new Piano();
        frame.add(piano);
        Dimension dimension = new Dimension(40,200);
        frame.setSize(dimension);
        frame.addWindowListener(new WindowAdapter() {
            public void windowClosing(WindowEvent e)
            {System.exit(0);}});
        frame.setVisible(true);
        frame.repaint();}
    void showSound(int nCount)
    { m_AudioClip[nCount].play();}
    public void mouseClicked(MouseEvent e) //响应单击鼠标
    { int nMouseCount = e.getClickCount();}
    public void mouseEntered(MouseEvent e){ } //响应鼠标进入
    public void mouseExited(MouseEvent e) //响应鼠标退出
    {   if(m_nOldDownCount! =-1)m_nState[m_nOldDownCount] = STATE_UP;
        m_nOldDownCount =-1;}
    public void mousePressed(MouseEvent e) //响应按下鼠标
    {   int nX = e.getX();
        int nY = e.getY();
        int nCount = nX/IMG_WIDTH;
        m_nState[nCount] = STATE_DOWN;
        showSound(nCount);
        m_nOldDownCount = nCount;
        Graphics g = getGraphics();
        g.drawImage(m_ImgDown,nCount*IMG_WIDTH,0,this);   }
    public void mouseReleased(MouseEvent e) //响应松开鼠标
    {   int nX = e.getX();
```

```java
        int nY = e.getY();
        int nCount = nX/IMG_WIDTH;
        m_nState[nCount] = STATE_UP;
        m_nOldDownCount = -1;
        Graphics g = getGraphics();
        g.drawImage(m_ImgUp,nCount * IMG_WIDTH,0,this);    }
public void keyPressed(KeyEvent e)  //响应按下键盘
    {   int nKeyCode = e.getKeyCode();
        String sKeyName = e.getKeyText(nKeyCode);
        boolean bControlDown = e.isControlDown();
        int nCount = -1;
        switch(nKeyCode)
        {   case KeyEvent.VK_1:
                nCount = 0;
                break;
            case KeyEvent.VK_2:
                nCount = 1;
                break;
            case KeyEvent.VK_3:
                nCount = 2;
                break;
            case KeyEvent.VK_4:
                nCount = 3;
                break;
            case KeyEvent.VK_5:
                nCount = 4;
                break;
            case KeyEvent.VK_6:
                nCount = 5;
                break;
            case KeyEvent.VK_7:
                nCount = 6;
                break;
            default:
                return;}
        if(bControlDown)nCount = nCount + 7;
        setPianoKeyDown(nCount);
        showSound(nCount);
        Graphics g = getGraphics();
        g.drawImage(m_ImgDown,nCount * IMG_WIDTH,0,this);}
public void keyReleased(KeyEvent e)
    {   int nKeyCode = e.getKeyCode();
        String sKeyName = e.getKeyText(nKeyCode);
```

```java
            boolean bControlDown = e.isControlDown();
            int nCount = -1;
            switch(nKeyCode)
            {   case KeyEvent.VK_1:
                    nCount = 0;
                    break;
                case KeyEvent.VK_2:
                    nCount = 1;
                    break;
                case KeyEvent.VK_3:
                    nCount = 2;
                    break;
                case KeyEvent.VK_4:
                    nCount = 3;
                    break;
                case KeyEvent.VK_5:
                    nCount = 4;
                    break;
                case KeyEvent.VK_6:
                    nCount = 5;
                    break;
                case KeyEvent.VK_7:
                    nCount = 6;
                    break;
                default:
                    return;   }
        if(bControlDown)nCount = nCount + 7;
        m_nState[nCount] = STATE_UP;
        Graphics g = getGraphics();
        g.drawImage(m_ImgUp,nCount * IMG_WIDTH,0,this);   }
    public void keyTyped(KeyEvent e)   { }
    void setPianoKeyDown(int nCount)
    {   for(int i = 0;i<14;i++)
        {
            m_nState[i] = STATE_UP;
        }
        m_nState[nCount] = STATE_DOWN;   }
    void setAllPianoKeyUp()
    {   for(int i = 0;i<14;i++)
        {
            m_nState[i] = STATE_UP;
        }
    }
```

```
public void mouseDragged(MouseEvent e)  //响应拖动鼠标
{   int nX = e.getX();
    int nY = e.getY();
    System.out.println("鼠标拖动到:x = " + nX + "   y = " + nY);
    int m_nTempCount = nX/IMG_WIDTH;
    if(m_nTempCount == m_nOldDownCount)return;
    m_nState[m_nTempCount] = STATE_DOWN;
    m_nState[m_nOldDownCount] = STATE_UP;
    showSound(m_nTempCount);
    Graphics g = getGraphics();
    g.drawImage(m_ImgDown,m_nTempCount * IMG_WIDTH,0,this);
    g.drawImage(m_ImgUp,m_nOldDownCount * IMG_WIDTH,0,this);
    m_nOldDownCount = m_nTempCount;   }
public void mouseMoved(MouseEvent e)    //响应移动鼠标
{   int nX = e.getX();
    int nY = e.getY();
    System.out.println("鼠标移动到:x = " + nX + "   y = " + nY);
}
}
```

10.5　本章小结

　　单纯只能欣赏的游戏不是真正的游戏,游戏必须能够让玩家与角色互动,这样才会有乐趣。本章主要介绍了鼠标事件、键盘事件以及音效的使用。这三者在游戏开发中起了锦上添花的作用,读者需重点掌握 KeyListener、MouseListener、MouseMotionListener 接口的事件处理方法。

思　考　题

　　在以上所写的人物走动程序执行后,必须用先单击显示区域,人物才会按照键盘的按键朝不同方向走动。如何修改程序,让程序执行后直接按键盘按键就能走动呢?

第11章 游戏动画进阶

谈到游戏动画的进阶,无非是在算法上朝这几个目标改进:使用最少的图片文件,简化算法,改进动画播放的效率。然而这三个目标往往是相互抵触的,例如要改进动画播放的效率,可能在算法上就会相对复杂;想减少图片的使用,通常就会使用较多的程序代码来进行贴图的操作。如何在这三者中找到最好的平衡点,是每一个游戏设计人员努力的目标。

11.1 角色与动画

游戏动画也是利用循环来实现的,一个基本的游戏动画循环如下:
```
while(继续播放动画 == true)
{
        绘制图像;
        暂停线程;
        更新角色(Sprite)状态
}
```
要了解游戏动画,必须知道什么是角色?根据英文解释,Sprite 的意义为鬼怪、小精灵。把 Sprite 和动画相结合时,Sprite 所强调的意义在于个体。

为了更清楚的了解 Sprite 的意义,我们可以想象一下什么是皮影戏,它正好和 Sprite 动画的概念相吻合,皮影戏中的人物就是所谓的 Sprite(小精灵),它们是相互独立的个体,有各自的外观、动作和移动方式。

我们可以使用一个典型的例子来说明角色与动画的关系,例如在横向飞行射击游戏中,玩家所控制的飞机、敌机和子弹等都是一种角色,它们有各自的外观、动作和移动方式(状态)。

所谓"更新角色状态"就是对角色的外观、动作和移动方式根据当前状况进行调整。再次以射击游戏为例,如果敌机被我机所发射的子弹击中,敌机就应该爆炸并且消失,而不是继续飞行或停留在屏幕上。如果我机发射的子弹没有击中任何一架敌机,当子弹移动到屏幕顶端时就应该消失而不是反弹回来。

这些都是更新角色状态的例子,在对角色与动画的关系有了一定的认识之后,接着来看看该如何定义一个角色? 若以 Java 语言来定义角色,角色应该是以类的形式存在。换句话说,如果想使用 Java 来设计射击游戏,至少应该有三个类,它们分别是我机、敌机和子弹(当然也可以定义更多的类来丰富游戏),Java 面向对象的特性使其在定义角色时相当方便。

定义角色的重点不在于应该定义几个角色,而是应该着重在角色的特性上。一般而言,角色必须处理绘制本身外观,移动的方向及速度、位置等特性。下面将以一个碰撞检测来讲解如何定义角色。

11.2 碰撞检测

11.2.1 角色碰撞检测原理

所谓的碰撞检测指的是检测角色之间是否有"重叠状态",但为何要检测角色相"重叠"的状态呢?例如当子弹打到敌机时(子弹角色和敌机角色相重叠),敌机必须爆炸;或者敌机以自杀方式撞击我机时,两者一起爆炸。诸如此类的状况使在游戏中检测角色相碰撞的情形变得非常重要。但并非所有的游戏都必须使用碰撞检测,例如棋牌类的游戏,它们通常不需要使用碰撞检测。

在 2D 与 2.5D 的游戏中,通常角色的大小都会以一个刚好能将其包围的方形区域来表示,如图 11-1 所示。

这样做的目的是希望能简化碰撞检测的方法。将所有角色的外观统一成矩形可以使碰撞检测更加容易。如图 11-2 所示的两个矩形,我们可以很容易判断出它们处于重叠状态。

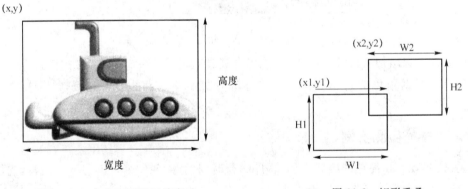

图 11-1 角色用矩形区域表示　　　　图 11-2 矩形重叠

根据上述坐标与矩形的宽度和高度,我们可以得知若这两个矩形相重合,必须同时符合以下条件:

X1 + W1 > = X2
X2 + W2 > = X1
Y1 + H1 > = Y2
Y2 + H2 > = Y1

由此可知,在定义一个必须使用碰撞检测的角色时,必须在定义此角色的类中保存此角色的位置与大小等信息。然而使用单个矩形来处理碰撞检测并不是一个很好的方法,因为这会造成一些误差。如图 11-3 所示,实际上没有发生碰撞,但使用前面的方法将会检测到碰撞。

有两个较好的方法来解决这种问题,一个方法是将包含角色的矩形缩小一些,但这也会造成一些误差,如图 11-4 所示。

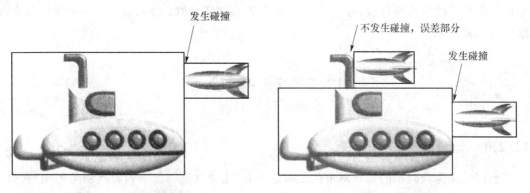

图 11-3　碰撞发生误差　　　　　图 11-4　缩小的角色矩形

另一个方法是使用多个矩形来包围角色,如图 11-5 所示。

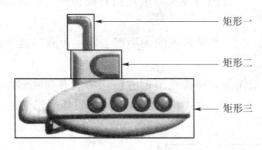

图 11-5　多个角色矩形

此方法可以增加碰撞检测的精确度,但在设计程序时会复杂许多,该使用几个矩形来检测碰撞可以根据角色的状态和游戏的要求来决定。本书将以使用单一矩形来检测碰撞为主。

11.2.2　碰撞检测实例

要求:实现一个简单的碰撞实例,程序运行时,将会出现一个飞碟与一只怪兽,它们拥有不同的行为并会与边界发生碰撞。小飞碟会在 Applet 绘图区域中不断地飞行,碰到边界就会发生反弹,而怪兽则会穿越 Applet 绘图区域的边界,然后从另一个边界出现,当这两个角色碰撞时,则会发生反弹,如图 11-6 所示。

提示:(1) 本程序需要定义三个类,一个是游戏主类(GameAnimation),另外两个是游戏的角色类(Sprite1 和 Sprite2)。

(2) 角色类应该负责绘制角色和更新角色的状态,因此角色类中需定义 paintSprite()和 updateSprite()两个方法,分别用来处理绘制和更新角色的动作。我们将次画面的绘制工具(drawOffScreen)和 Applet 指针传入 paint-

图 11-6　角色碰撞检测实例

Sprite()方法中,让角色能在次画面中绘制本身的图像,而将角色的实例传入 updateSprite()方法中用于读取 Sprite 的坐标及大小等信息,以用来进行碰撞检测,碰撞检测的程序代码如下:

```
if((X+width>=s.X) && (Y+height>=s.Y) && (s.X+s.width>=X) && (s.Y+s.height>=Y)){
        VX    =-VX;
        VY    =-VY;
        s.VX =-s.VX;
        s.VY =-s.VY;
    }
```

最后我们对角色的"边界动作"进行说明,顾名思义,边界动作指的是当角色碰到边界时应有的反应,在此程序中示范了两种边界动作。

Sprite1 的边界动作是如果碰到左右边界,则使 X 轴的运动方向反向(VX=-VX;);而如果碰到上下边界,则使 Y 轴的运动方向反向(VY=-VY;)。

然后 Sprite2 的边界动作却不是这样,当碰到上下边界时一样是使 Y 轴运动方向反向,但碰到左右边界时却会从另一边出现。

角色类的代码如下所示:

```
public class Sprite1 {
    int    X,Y,width,height,VX,VY;
    int    AppletWidth,AppletHeight;
    boolean visible;
    Image UFO;// 小飞碟
    public Sprite1(int AppletWidth,int AppletHeight)
    {
            this.AppletWidth  = AppletWidth;    //Applet 高度
            this.AppletHeight = AppletHeight;   //Applet 宽度
            X       = AppletWidth / 2;          //起始 X 坐标
            Y       = 0;                        //起始 Y 坐标
            VX      =-14;                       //X 轴速度
            VY      = 13;                       //Y 轴速度
            width   = 30;                       //Sprite 高度
            height  = 30;                       //Sprite 宽度
            visible = true;                     //可见
    }
    public void updateState(Sprite2 s)
    {
      X = X + VX;       //移动 X 轴方向
      Y = Y + VY;       //移动 Y 轴方向
      //碰撞侦测,若 Sprite1 和 Sprite2 相撞的话则改变速度为反方向
      if((X+width>=s.X) && (Y+height>=s.Y) && (s.X+s.width>=X) && (s.Y+s.height>=Y))
      {
         VX    =-VX;
         VY    =-VY;
```

```java
            s.VX = -s.VX;
            s.VY = -s.VY;
        }
        //下面的 if-else 判断式用来设定 Sprite1 的边界动作
        if(X<0)
        {
            X  = 0;
            VX = -VX;
        }
            else if(X > AppletWidth-width)
            {
                X  = AppletWidth-width;
                VX = -VX;
            }
            if(Y<0)
            {
                Y  = 0;
                VY = -VY;
            }
            else if(Y > AppletHeight-height)
            {
                Y  = AppletHeight-height;
                VY = -VY;
            }
        }
        public void paintSprite(Graphics g,Applet Game)
        //绘制 Sprite 本身的方法
        {
            if(visible)
                g.drawImage(UFO,X,Y,width,height,Game);
        }
    }
    public class Sprite2 {
        public  int    X,Y,width,height,VX,VY;
        int    AppletWidth,AppletHeight;
        boolean visible;
        Image beast;  // 大怪兽
        public Sprite2(int AppletWidth,int AppletHeight)
        {
            this.AppletWidth  = AppletWidth;   //Applet 高度
            this.AppletHeight = AppletHeight;  //Applet 宽度
            //设定 Sprite2 的位置、速度与大小
            X     = 0;
```

```
        Y       = AppletHeight/2;
        VX      = 15;
        VY      = -11;
        width   = 60;
        height  = 60;
        visible = true;
    }
    public void updateState(Sprite1 s)      //转换 Sprite 状态的方法
    {
        X = X + VX;
        Y = Y + VY;
        //下面的 if-else 判断式用来设定 Sprite 的边界动作
        if(X + width<0)
        {
            X = AppletWidth;
        }
        else if(X > AppletWidth)
        {
            X = -width;
        }
        if(Y<0)
        {
            Y  = 0;
            VY = -VY;
        }
        else if(Y > AppletHeight-height)
        {
            Y  = AppletHeight-height;
            VY = -VY;
        }
    }
    public void paintSprite(Graphics g,Applet Game)
            //绘制 Sprite 本身的方法
    {
        if(visible)
            g.drawImage(beast,X,Y,width,height,Game);
    }
}
```

(3) 在主类 GameAnimation 中,我们主要要做的是:

① 声明变量或者类的实例:

Sprite1 a;

Sprite2 b;

② 在 init()函数中为变量或者实例初始化:

```
a = new Sprite1(AppletWidth,AppletHeight);   //建立 Sprite1
a.UFO = getImage(getCodeBase(),"Images/6.gif");
```
③ 在 paint()函数中绘制 Sprite1、Sprite2：
```
a.paintSprite(drawOffScreen,this);    //将 Sprite1 绘制在次画面中
```
④ 在 run()函数中更新 Sprite1、Sprite2 的状态：
```
while(newThread ! = null)
{
    repaint();                          //重绘图像
    try
    {
        Thread.sleep(80);              //暂停 80 毫秒
    }
    catch(InterruptedException E){ }
    a.updateState(b);                  //更换 Sprite1 状态
}
```

11.3 定义父类角色

既然在设计游戏动画时一定要使用角色，那么从对象重用性的角度来看，应该先定义一个角色父类，因为游戏中所有将会使用到的角色类都继承此父类而来。

基于这一构想，角色父类应该定义成抽象类，这是因为我们希望其中的 paintSprite()和 updateState()方法也能是抽象方法的缘故（让子类实现），下面定义一个角色父类供参考。

```
abstract class SuperSprite        //这是 Sprite 父类
{
  int      X,Y,width,height;      //角色位置与大小
  boolean visible,active;         //是否可见与可移动
  abstract public void paintSprite(Graphics g);
  abstract public void updateState();
  public int getX()
  {
    return X;
  }
  public int getY()
  {
    return Y;
  }
  public void setLocation(int X,int Y)
  {
    this.X = X;
    this.Y = Y;
  }
```

```java
    public int getWidth()
    {
        return width;
    }
    public int getHeight()
    {
        return height;
    }
    public void setSize(int width,int height)
    {
        this.width  = width;
        this.height = height;
    }
    public boolean canVisible()
    {
        return visible;
    }
    public void setVisible(boolean v)
    {
        visible = v;
    }
    public boolean canMove()
    {
        return active;
    }
    public void setMove(boolean m)
    {
        active = m;
    }
}
```

在这个角色父类中我们定义了用来绘制与更新角色本身的抽象方法,除此之外还有用来存储角色位置大小的变量,以及取得位置与大小信息的一系列公有方法。

另外,我们也定义了两个布尔变量——visible、active,分别用来设置角色是否可见与可移动。这两个布尔变量必须分别搭配 paintSprite()与 updateState()方法来使用。下面的程序代码片段展示了基本的搭配用法。

```java
    public void updateState()
    {
        if(active == true)
        {
            //更新 Sprite 状态
        }
    }
```

```
public void paintSprite(Graphics g) {
    if(visible == true)
        g.drawImage(...);
}
```

一个简单的应用是在飞机射击游戏中当敌机被击中时,可以将敌机角色的 visible 变量设置成 false,那么敌机角色将会因为没有被绘制在次画面中,而产生击中敌机后敌机消失应有的效果。

在父类角色中也同样定义了用来取得与设置这两个布尔变量的方法,isVisible()和 setVisible()方法便是用来取得与设置 visible 变量。

可以试着将此角色父类加以延伸,或使用继承角色父类的方式来设计游戏中的角色类。在下一节中将进一步示范该如何延伸角色父类,以达到最好的效果。

11.4 角色动画与帧动画结合

在游戏设计中将帧动画与角色动画相结合是很普遍的应用,让帧动画作为背景,而角色则是在背景前移动的小精灵。下面将以一个简单的范例来讲解如何将帧动画与角色动画相结合。

要求:(1)利用鼠标来控制飞机角色的移动,鼠标指针的位置位于飞机图像的中心,当遇到边界时飞机角色会被边界挡住,不会超出边界。

(2)单击飞机即可发射子弹,子弹以一定的速度向右飞,遇到边界即消失。效果图如 11-7 所示。

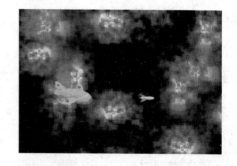

图 11-7 飞机发射子弹的效果

提示:这是一个将帧动画与角色动画相结合的例子。程序主要由以下四个类构成。

(1) abstract class SuperSprite   //这是 Sprite 父类

(2) class ImageSprite extends SuperSprite//图像 Sprite

(3) class BulletSprite extends ImageSprite //子弹 Sprite

(4) class AirePlane extends Applet //游戏主类

步骤(1)

```
public abstract class SuperSprite {
    int X,Y,width,height;
    boolean visible,active;
    abstract public void paintSprite(Graphics g);
    abstract public void updateState();
    public int getX()
    {
        return X;
```

```java
    }
    public int getY()
    {
        return Y;
    }
    public void setLocation(int X,int Y)
    {
        this.X = X;
        this.Y = Y;
    }
    public int getWidth()
    {
        return width;
    }
    public int getHeight()
    {
        return height;
    }
    public void setSize(int width,int height)
    {
        this.width  = width;
        this.height = height;
    }
    public boolean canVisible()
    {
        return visible;
    }
    public void setVisible(boolean v)
    {
        visible = v;
    }
    public boolean canMove()
    {
        return active;
    }
    public void setMove(boolean m)
    {
        active = m;
    }
}
```

步骤(2)

```java
public class ImageSprite extends SuperSprite {
Image   SpriteImage;                    //Sprite本身的图像
```

```java
    Applet Game;                          //在绘制图像时会用到
    public ImageSprite(Image SpriteImage,Applet Game)
    {
        this.SpriteImage    = SpriteImage;
        this.Game           = Game;
        setLocation(0,0);                 //设定起始位置
        setVisible(true);                 //可见
        setMove(true);                    //可移动
    }
    public void updateState(){ }
    public void paintSprite(Graphics g)   //绘制 Sprite
    {
        if(visible == true)
            g.drawImage(SpriteImage,X,Y,Game);
            //在最后一个参数中输入 Applet
    }
}
```

步骤(3)

```java
public class BulletSprite extends ImageSprite {
    int AppletWidth,AppletHeight;
    public BulletSprite(Image bullet,Applet Game,int AppletWidth,int AppletHeight)
    {
        super(bullet,Game);               //调用父类的创建方法
        this.AppletWidth    = AppletWidth;
        this.AppletHeight = AppletHeight;
        setVisible(false);                //不可见
        setMove(false);                   //不可移动
    }
    public void updateState()             //转换子弹 Sprite 的状态
    {
        if(active == true)
        {
            if(X > AppletWidth)           //当子弹穿过右边界时
            {
                setVisible(false);        //设定子弹 Sprite 为不可见
                setMove(false);           //设定子弹 Sprite 为不可移动
            }
            else
                X = X + 10;               //向右移动 20 像素
        }
    }
    public void paintSprite(Graphics g) //绘制子弹 Sprite
    {
```

```
        if(visible = = true)
            g.drawImage(SpriteImage,X,Y,Game);
    }
}
```

步骤(4)完成主类 AirPlane,该类要实现 Runnable、MouseListener、MouseMotionListener 接口。

(1) 声明一些变量和实例:
```
Random R;
Image background[],airplane,bullet,OffScreen;
ImageSprite airplaneSprite,BulletSprite;
```

(2) 注册事件处理方法,并给一些变量和实例初始化:
```
  R = new Random();
airplaneSprite = new ImageSprite(airplane,this);
BulletSprite = new BulletSprite(bullet,this,AppletWidth,AppletHeight);
```

(3) 在 paint() 方法中进行绘制角色的工作,主要程序代码如下所示:
```
airplaneSprite.paintSprite(drawOffScreen);
  BulletSprite.paintSprite(drawOffScreen);
```

(4) 在 run() 方法中更新背景帧动画和子弹状态,主要程序代码如下:
```
if(R.nextInt(10)<1)              //更新帧动画
    currentImage = R.nextInt(5);
BulletSprite.updateState();       //更新子弹 Sprite 状态
```

以上语句将背景图像更换的概率设置在 FPS 的 1/10,并且当更换图像的条件成立时(R.nextInt(10)等于 0),以随机数来决定下一张更新画框的图像,背景的随机火焰动画就是这样制作出来的。

(5) 编写鼠标事件处理方法 mouseEntered()、mouseMoved()、mousePressed()。

mouseEntered()和 mouseMoved()方法主要决定飞机图像位置和碰到边界的反应动作。发射子弹的动作由鼠标的按键来控制,当按下任何一个鼠标按键时就会发射子弹,mousePressed()方法内容如下:
```
    if(BulletSprite.canVisible() = = false && BulletSprite.canMove() = = false)
    {
        BulletSprite.setLocation(X + (ImageWidth / 2),Y);
        BulletSprite.setVisible(true);
        BulletSprite.setMove(true);
    }
```

AirPlane 代码示例如下:
```
import java.applet.Applet;
import java.awt.Graphics;
import java.awt.Image;
import java.awt.MediaTracker;
import java.awt.event.MouseEvent;
import java.awt.event.MouseListener;
```

```java
import java.awt.event.MouseMotionListener;
import java.util.Random;
public class Airplane extends Applet implements Runnable,MouseListener,MouseMotionListener {
    int AppletWidth,AppletHeight,ImageWidth,ImageHeight,currentImage,    mouseX,mouseY,X,Y;
    Image background[],airplane,bullet,OffScreen;
    Random R;
    Thread newThread;
    Graphics drawOffScreen;
    MediaTracker MT;
    ImageSprite airplaneSprite,BulletSprite;
    public void init() {
        addMouseListener(this);// 注册事件处理方法
        addMouseMotionListener(this);
        this.setSize(1024,768);
        background = new Image[5];
        MT = new MediaTracker(this);
        R = new Random();
        currentImage = 0;
        AppletWidth = getSize().width;
        AppletHeight = getSize().height;
        // 使用 MediaTracker 取得必要图像
        for (int i = 0;i<5;i++) {
         background[i] = getImage(getDocumentBase()," Images/thunder "+ i + ".gif ");
         MT.addImage(background[i],0);
        }
        airplane = getImage(getDocumentBase()," Images/airplane.gif ");
        bullet = getImage(getDocumentBase()," Images/bullet.gif ");
        MT.addImage(airplane,0);
        MT.addImage(bullet,0);
        try {
            MT.waitForAll();
        } catch (InterruptedException E) {
        } // 没有进行异常处理
        ImageWidth = airplane.getWidth(this);
        ImageHeight = airplane.getHeight(this);
        // 建立 Sprite
        airplaneSprite = new ImageSprite(airplane,this);
        BulletSprite = new BulletSprite(bullet,this,AppletWidth,AppletHeight);
        // 建立次画面
        OffScreen = createImage(AppletWidth,AppletHeight);
        drawOffScreen = OffScreen.getGraphics();
    }
    public void start() // start()方法
```

```java
{
    newThread = new Thread(this);// 建立与启动新线程
    newThread.start();
}
public void stop() // stop()方法
{
    newThread = null;// 将线程设为null
}
public void paint(Graphics g) {
    // 只清除此部分区域的图像
    drawOffScreen.clearRect(0,0,AppletWidth,AppletHeight);
    // 注意绘制顺序(Z-Order)
    drawOffScreen.drawImage(background[currentImage],0,0,1024,768,this);
    airplaneSprite.paintSprite(drawOffScreen);
    BulletSprite.paintSprite(drawOffScreen);
    // 将次画面贴到主画面上
    g.drawImage(OffScreen,0,0,this);
}
public void update(Graphics g) // update()方法
{
    paint(g);// 只单纯调用paint()方法
}
public void run() {
    while (newThread != null) {
        repaint();// 重绘图像
        try {
            Thread.sleep(33);// 暂停33毫秒
        } catch (InterruptedEeption E) {
        }
        if (R.nextInt(10)<1) // 转换帧动画
            currentImage = R.nextInt(5);
        BulletSprite.updateState();// 转换子弹Sprite状态
    }
}
// ==================实作MouseListener界面==================
public void mouseExited(MouseEvent e) {} // 鼠标离开Component
public void mouseClicked(MouseEvent e) { } // 鼠标按键被按下后放开
public void mouseReleased(MouseEvent e) { } // 鼠标按键放开
public void mouseEntered(MouseEvent e) // 鼠标进入Component
{
    mouseX = e.getX();
    mouseY = e.getY();
    // 设定飞机的边界动作
```

```java
        if (mouseX < ImageWidth / 2)
            X = ImageWidth / 2;
        else if (mouseX > AppletWidth - (ImageWidth / 2))
            X = AppletWidth - (ImageWidth / 2);
        else
            X = mouseX;
        if (mouseY < ImageHeight / 2)
            Y = ImageHeight / 2;
        else if (mouseY > AppletHeight - (ImageHeight / 2))
            Y = AppletHeight - (ImageHeight / 2);
        else
            Y = mouseY;
        // 设定飞机图像的正确位置
        airplaneSprite.setLocation(X - (ImageWidth / 2), Y - (ImageHeight / 2));
}
public void mousePressed(MouseEvent e) // 鼠标按键被按下
{
    // 发射子弹
    if (BulletSprite.canVisible() == false && BulletSprite.canMove() == false) {
        BulletSprite.setLocation(X + (ImageWidth / 2), Y);
        BulletSprite.setVisible(true);
        BulletSprite.setMove(true);
    }
}
//============实作 MouseMotionListener 界面========================
public void mouseMoved(MouseEvent e) // 鼠标移动时
{
        // 移动飞机
        mouseX = e.getX();
        mouseY = e.getY();
        // 设定飞机的边界动作
        if (mouseX < ImageWidth / 2)
            X = ImageWidth / 2;
        else if (mouseX > AppletWidth - (ImageWidth / 2))
            X = AppletWidth - (ImageWidth / 2);
        else
            X = mouseX;
        if (mouseY < ImageHeight / 2)
            Y = ImageHeight / 2;
        else if (mouseY > AppletHeight - (ImageHeight / 2))
            Y = AppletHeight - (ImageHeight / 2);
        else
            Y = mouseY;
```

```
        // 设定飞机图像的正确位置
        airplaneSprite.setLocation(X-(ImageWidth / 2),Y-(ImageHeight / 2));
    }
    public void mouseDragged(MouseEvent e){}// 鼠标拖曳时
}
```

11.5 贴图技巧

在本节中我们将介绍在制作游戏动画时经常使用到的两个技巧——使用纹理以及卷动画面,首先将介绍如何使用纹理。

11.5.1 使用纹理

所谓纹理,是指一些可以用来拼凑完整图形的单位图形,如图 11-8 所示就是一张纹理图形。

图 11-8 纹理图形

只有一张纹理无法让我们感受到它的作用,现在我们将多张纹理拼凑起来,就得到一个寺庙的屋顶,如图 11-9 所示。

图 11-9 贴图效果

由此可以看出,使用纹理可以大幅缩减游戏下载图像所花费的时间。例如一些大型地图的制作、墙壁、岩石等,即使是在 3D 游戏中,有些壮观的场景也是使用纹理贴图来完成的,而使用到的图片可能不超过 10 张。不过要完成 3D 游戏中那样壮观的场景,还必须要复杂的算法来辅助。

如果我们想做一个使用了 25 张(5×5)纹理图形来拼凑的背景图,拼凑纹理的程序代码为:

```
for(i = 0;i<countX * countY;i++){g.drawImage(texture,i% countX * ImageWidth,i/countX * ImageHeight,this);
```

或者

```
for(i = 0;i<countX * countY;i++){g.drawImage(texture,i% countX * ImageWidth,i% countY * ImageHeight,this);
```

要求:使用以上提示代码,完成如图 11-7 的贴图作品。

注意:Applet 网页的大小要设成所完成贴图的大小。

提示:(1) 设置变量,X、Y 轴分别需要的纹理数,并初始化。

(2) 重设 Applet 程序,使网页大小与贴图所显示的区域面积大小一样:

resize(ImageWidth * countX, ImageHeight * countY);

(3) 在 paint()函数里绘制所有的图像。

代码如下:

```
public class UseTexture extends Applet {
    int         ImageWidth,ImageHeight,countX,countY;
    int         AppletWidth,AppletHeight,Ascent,Descent,StringWidth,X,Y;
    Image       texture;
    public void init()
    { countX   = 10;    //X 轴使用的纹理数
      countY   = 9;     //Y 轴使用的纹理数
      texture = getImage(getDocumentBase()," Images/texture.gif ");
      ImageWidth  = 32;    //纹理宽度
      ImageHeight = 32;    //纹理高度
      resize(ImageWidth * countX, ImageHeight * countY);
      AppletWidth  = getSize().width;      //取得 Applet 的显示宽度
      AppletHeight = getSize().height;     //取得 Applet 的显示高度
    }
    public void paint(Graphics g)
    {  for(int i = 0;i<(countX * countY);i++) {
         g.drawImage(texture,i % countX * ImageWidth,i/countX * ImageHeight,this);}
      }
    }
}
```

11.5.2 卷动画面

接下来介绍一个更实用的技巧——卷动画面。卷动画面和使用纹理一样可以减少图像下载的时间,基本上只要一张图像就可以制作出简单的卷动画面效果。

卷动画面分为横向滚动和纵向滚动,制作的方法很简单,使用两张图像并且不断更改其 X 轴或者 Y 轴坐标即可。

下面介绍横向卷轴动画的原理。

(1) 在程序中我们只下载一张图像(ScrollImage),另一张图像(ScrollImage2)复制第一张图像而来。

ScrollImage2 = createImage(ScrollImage.getSource());

(2) 然后在 run()函数里更新图像 X 轴的坐标,在此我们实现的效果为向右卷动画面,一次卷动一个像素。同理我们也可以将卷动方向改成向左卷动。

要求:实现一个向右卷轴的动画,效果如图 11-10 所示。

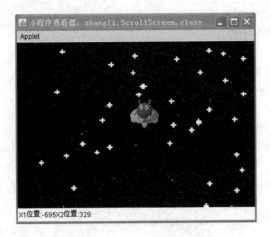

图 11-10　向右的卷轴动画

提示：(1) 分别获得 ScrollImage、ScrollImage2 图像。

(2) 在 paint() 函数里需要绘制 ScrollImage 和 ScrollImage2：

```
drawOffScreen.drawImage(scrollImage,X1,0,1024,768,this);
drawOffScreen.drawImage(scrollImage2,X2,0,1024,768,this);
```

(3) run() 函数中，主要代码有：

```
if(X1< = AppletWidth-movex)
    X1 = X1 + movex;
else
    X1 = X2 + movex-AppletWidth;
if(X2< = AppletWidth-movex)
    X2 = X2 + movex;
else
    X2 = X1-AppletWidth;
```

(4) X1 和 X2 都应该有个初始值，想一想应该分别设成多少？

代码如下：

```
public class ScrollScreen extends Applet implements Runnable {
    int         AppletWidth,AppletHeight,ImageWidth,X1,X2;
    int         movex;
    Image       scrollImage,scrollImage2,OffScreen,UFO;
    Thread      newThread;
    Graphics    drawOffScreen;
    MediaTracker MT;
    public void init()
    {   this.setSize(1024,700);
        AppletWidth  = getSize().width;
        AppletHeight = getSize().height;
        MT           = new MediaTracker(this);
        scrollImage  = getImage(getDocumentBase(),"Images/scroll.gif");
        UFO = getImage(getDocumentBase(),"Images/6.gif");
```

```java
        MT.addImage(scrollImage,0);
        MT.addImage(UFO,0);
        try
        {
            MT.waitForAll();
        }
        catch(InterruptedException E){ }
        scrollImage2 = createImage(scrollImage.getSource());//复制滚动画面图像
        X1          = 0;                    //设定 scrollImage 起始位置
        X2          = -AppletWidth;         //设定 scrollImage2 起始位置
        movex = 19;
        OffScreen   = createImage(AppletWidth,AppletHeight);
        drawOffScreen = OffScreen.getGraphics();
    }
    public void start()                     //start()方法
    {
        newThread = new Thread(this);       //建立与启动新线程
        newThread.start();
    }
    public void stop()                      //stop()方法
    {
        newThread = null;                   //将线程设为 null
    }
    public void paint(Graphics g)
    {   drawOffScreen.clearRect(0,0,AppletWidth,AppletHeight);
        drawOffScreen.drawImage(scrollImage,X1,0,1024,700,this);
        drawOffScreen.drawImage(scrollImage2,X2,0,1024,700,this);
        drawOffScreen.drawImage(UFO,200,100,50,50,this);
        System.out.println(X1);
        System.out.println(X2);
        g.drawImage(OffScreen,0,0,this);
    }
    public void update(Graphics g)          //update()方法
    {
        paint(g);                           //只单纯调用 paint()方法
    }
    public void run()
    {   while(newThread != null) {
            repaint();                      //重绘图像
            try
            {
                Thread.sleep(50);           //暂停 33 毫秒
            }
```

```
        catch(InterruptedException E){ }
        showStatus("X1 位置:"+ X1 +"X2 位置:"+ X2);
        //转换图像位置(产生滚动效果)
        if(X1< = AppletWidth-movex)
            X1 = X1 + movex;
        else
            X1 = X2 + movex-AppletWidth;
        if(X2< = AppletWidth-movex)
            X2 = X2 + movex;
        else
            X2 = X1-AppletWidth;
    }
  }
}
```

11.6 综合游戏编程

11.6.1 游戏实例1:棒打猪头

要求:实现一个棒打猪头的游戏,类似于打地鼠的游戏,效果如图11-11所示。

(1) 游戏中共有九个可能出现猪头的位置。

(2) 可以使用鼠标来控制铁锤的移动与敲击(当鼠标按键被按下时)。

(3) 当铁锤击中猪头的时候,得分加 10。

提示:(1) 从类的构造来说

在此游戏中使用了两个角色,一个是代表猪头的 PigSprite 类,另一个是代表铁锤的 HammerSprite 类,它们都是继承 SuperSprite 类而来;另外还有一个不可或缺的游戏主类 HitPigHead。

(2) 从类的实例来说

游戏是由 9 个 PigSprite 类实例和一个 HammerSprite 来实例构成的;在游戏主类中的 init()方法中建立这些类的实例,并在动画循环中更新角色的状态,在 paint()方法中绘制角色。由于铁锤角色是由鼠标控制的,因此在动画循环中只有更新猪头角色的程序代码。

(3) 从事件处理方法来说

我们针对两个重点动作来讲。

① 鼠标进入与鼠标移动时候,绘制铁锤,并将鼠标指针居中于铁锤正中央。

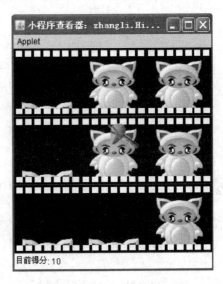

图 11-11 棒打猪头游戏界面

② 在按下鼠标按键时，mousePressed()方法中代码进行碰撞检测，当检测到碰撞时增加分数，并将总分显示在状态栏上。

SuperSprite类代码示例如下：

```java
import java.awt.Graphics;
public abstract class SuperSprite {
    int X,Y,width,height;
    boolean visible,active;
    abstract public void paintSprite(Graphics g);
    abstract public void updateState();
    public int getX()
    {
        return X;
    }
    public int getY()
    {
        return Y;
    }
    public void setLocation(int X,int Y)
    {
        this.X = X;
        this.Y = Y;
    }
    public int getWidth()
    {
        return width;
    }
    public int getHeight()
    {
        return height;
    }
    public void setSize(int width,int height)
    {
        this.width  = width;
        this.height = height;
    }
    public boolean canVisible()
    {
        return visible;
    }
    public void setVisible(boolean v)
    {
        visible = v;
```

```
    }
    public boolean canMove()
    {
        return active;
    }
    public void setMove(boolean m)
    {
        active = m;
    }
}
```

PigSprite 类代码示例如下：

```
import java.applet.Applet;
import java.awt.Graphics;
import java.awt.Image;
import java.util.Random;
public class PigSprite extends SuperSprite{
    int      seed;                      //产生随机数
    Image    SpriteImage,Frame;         //Sprite本身的图像
    Applet   Game;                      //在绘制图像时会用到
    Random   R;
    boolean  showPig;                   //显示猪头图像
    public PigSprite(Image SpriteImage,Image Frame,Applet Game)
    {
        R = new Random();
        this.SpriteImage = SpriteImage;
        this.Frame       = Frame;
        this.Game        = Game;
        showPig          = false;
        setVisible(true);               //可见
        setMove(true);                  //可移动
    }
    public void updateState()
    {
        if(active == true)
        {
            //转换猪头图像出现与消失的状态
            if(R.nextInt(seed) % 100<1)
            {
                if(showPig == false)
                    showPig = true;
            }
            else if(R.nextInt(seed) % 100 > 95)
            {
```

```
                if(showPig = = true)
                    showPig = false;
            }
        }
    }
    public void paintSprite(Graphics g)    //绘制猪头 Sprite
    {
        if(visible = = true)
        {
            g.drawImage(Frame,X,Y,Game);    //在最后一个参数中输入 Applet
            if(showPig = = true)
                g.drawImage(SpriteImage,X + 11,Y + 18,Game);
        }
    }
    public void setSeed(int seed)
    {
        this.seed = seed;
    }
    //测试是否击中猪头图像
    public boolean hit(int X,int Y,int P_Width,int P_Height,int H_Width,int H_Height)
    {
        if((this.X + P_Width> = X) && (this.Y + (P_Height / 2)> = Y) &&
            (X + (H_Width / 2)> = this.X) && (Y + (H_Height / 2)> = this.Y)
            && showPig)
        {
            showPig = false;
            return true;
        }
        else
            return false;
    }
}
```

HammerSprite 类代码示例如下：

```
import java.applet.Applet;
import java.awt.Graphics;
import java.awt.Image;
public class HammerSprite extends SuperSprite {
    Image   hammer1,hammer2,currentImage;//铁锤图像
    Applet Game;
    public HammerSprite(Image hammer1,Image hammer2,Applet Game)
    {
        this.hammer1 = hammer1;
        this.hammer2 = hammer2;
```

```
    this.Game      = Game;
    currentImage = hammer1;
    setLocation(0,0);
    setVisible(false);           //不可见
    setMove(false);              //不可移动
}
public void updateState()
{
    //转换铁锤图像
    if(currentImage == hammer1)
        currentImage = hammer2;
    else
        currentImage = hammer1;
}
public void paintSprite(Graphics g)    //绘制铁锤 Sprite
{
    if(visible == true)
        g.drawImage(currentImage,X,Y,Game);//在最后一个参数中输入 Applet
}
```

11.6.2 游戏实例2：迷宫游戏

我们要实现一款迷宫游戏，效果如图 11-12 所示。

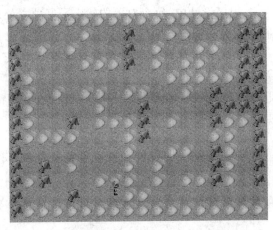

图 11-12 迷宫游戏界面

我们将其分成几个要点来说明游戏的功能与实现方法。

(1) 地图

图片越大对于需要从网络下载资源的游戏越不利，上图中的地图看起来比较大，但其实只用了三张小图片，即地板、萝卜与香菇，每张图片的大小都是 36 像素×36 像素，所以并不需要花许多时间在图片下载上。所看到的大地图实际上是采用重复贴图所形成的效果。

（2）迷宫

所看到的迷宫排列是可以更改的，我们会使用一个数组来设计迷宫上的障碍物，只需要改变数组中的元素，就可以改变地图上障碍物的排列，甚至是障碍物的种类。

（3）角色

角色是一个连续走动的动画，并使用键盘操作，角色可以向四个方向走动。这在前面的章节中讨论过，我们要使用线程来控制动画播放的速度，但是这次稍有不同，需要考虑角色遇到障碍物的情况。如图11-13所示是角色走动动画所需要的图片。

（4）移动与障碍物判断

游戏画面被分为一个个的小方格，角色走动时一次移动一个方格，而碰到障碍物时就无法前进，这就必须使用迷宫数组，并记录角色在数组中移动的索引值，遇到某些元素时就无法往下一格移动。

图11-13　人物走动动画图片

（5）游戏界面

我们将键盘事件处理、多线程缓冲区绘图与显示绘图等工作都集中在游戏界面的类中进行，游戏界面的主要工作就是与使用者进行互动，包括操作与图像显示，然后再与游戏中的相关处理对象沟通，这是游戏制作的标准模式。

显示区绘图的工作是在缓冲区准备就绪之后，缓冲区后使用一个循环进行地图绘制、迷宫绘制与角色绘制三个操作。

（6）角色状态

前面曾经说过，在Java程序设计中，每个对象的状态最好独立处理，对于游戏设计更是如此。在本实例中，我们仅列出一个角色的状态，事实上再多的角色也可以加入到游戏中，每个角色可以封装为一个类，这个类不从事绘图、事件处理等工作，它只负责改变状态，并将状态通知界面类，以更新画面。

角色类还负责一项工作，就是判断是否该移往下一个位置，所以界面类必须通知角色类迷宫数组的内容，也就是传递迷宫数组给角色类。

（7）程序提示

① 程序由两个类组成，一个是游戏主类Maze，另一个是角色类Sprite。

Sprite类主要负责改变角色状态，判断是否该往下一个位置移动，然后将角色状态通知界面类，以更新画面。所以界面类Maze必须通知角色类Sprite迷宫数组的内容，也就是传递迷宫数组给角色类。

② 程序的最重要数据是迷宫数组，该数组决定了贴图的方式，我们设计一个18×14的二维数组（大小可任意设置）。

迷宫数组的内容如下：

```
int[][] maze = { { 1,1,1,1,1,1,1,1,1,1,1,1,1,1,1,1,1,1 },
    { 0,0,0,0,0,1,0,0,2,0,0,1,1,0,0,0,2,2 },
    { 2,0,1,0,1,0,0,0,2,0,1,0,0,1,1,0,2,2 },
    { 2,0,0,0,0,1,1,1,2,0,1,0,1,1,0,0,2,2 },
```

```
{ 2,1,0,0,0,0,0,0,0,0,0,1,1,1,1,1,2,2 },
{ 2,1,0,1,0,1,1,0,1,1,0,0,1,0,2,0,2,2 },
{ 2,1,0,0,0,0,1,0,0,2,0,0,0,0,2,2,2,2 },
{ 2,1,0,0,2,0,1,1,1,2,0,1,0,0,2,1,1,2 },
{ 2,1,1,1,1,0,0,0,1,2,0,0,0,0,1,1,0,2 },
{ 2,0,0,0,0,0,0,0,1,0,0,1,0,0,2,1,0,2 },
{ 2,0,2,0,1,0,0,0,1,0,1,0,0,0,2,1,0,2 },
{ 2,1,2,0,0,0,1,1,1,0,1,0,1,1,2,1,0,2 },
{ 2,0,0,0,2,0,0,0,1,1,0,0,0,0,0,0,0,0 },
{ 2,1,1,1,1,1,1,1,1,1,1,1,1,1,1,1,1 } };
```

在迷宫数组中,每一个元素表示地图上的一个位置,数组值为 0 时表示上面没有障碍物,角色可以通过;而数组元素值为非 0 值时,表示该位置上有障碍物,角色不可以通过。障碍物的类型可以由数组元素值来决定,我们在这个程序中设置了两种类型的障碍物:数组元素值为 1 表示萝卜,数组元素值为 2 表示香菇。

贴图时我们使用重复贴图的方式先将地板的图片贴满整个绘图区域,程序代码如下:

```
// 绘制地板
for (int i = 0;i< = AppletHeight;i += floorW)
    for (int j = 0;j< = AppletWidth;j += floorW)
        drawOffScreen.drawImage(floor,j,i,j + floorW,
i + floorW,0,0,floorW,floorW,this);
```

接着再贴上障碍物,这也是使用循环进行贴图,不过这次要根据迷宫数组的元素值来决定是否贴图,以及要贴上哪一个图片,程序代码如下:

```
// 根据迷宫数组绘制障碍物
for (int i = 0;i<14;i++)
    for (int j = 0;j<18;j++)
        if (maze[i][j] == 1) // 绘制萝卜
            drawOffScreen.drawImage(block1,j * floorW,i * floorW,(j + 1) * floorW,(i + 1)
 * floorW,0,0,floorW,floorW,this);
        else if (maze[i][j] == 2) // 绘制香菇
            drawOffScreen.drawImage(block2,j * floorW,i * floorW,(j + 1) * floorW,(i + 1)
                * floorW,0,0,floorW,floorW,this);
```

接下来需要绘制角色动画,由于角色动画有四个方向,所以必须判断目前该绘制画面向哪一个方向的动画,程序代码如下:

```
// 如果角色向上
drawOffScreen.drawImage(character,s.LcX,s.LcY,s.LcX + s.SizeW,s.LcY + s.SizeH,sx,0,sx + s.SizeW,s.SizeH,this);
//三个姿态循环
sx += s.SizeW;
if (sx > s.SizeW * 2)
    sx = 0;
```

③ 进行键盘事件处理

在 keyPressed() 中要根据按键来改变角色面对的方向和角色的移动,程序代码如下:

```java
public void keyPressed(KeyEvent e) {
    key = e.getKeyCode();
    if (key == KeyEvent.VK_RIGHT) // 按向右键
    {
        ...// 改变角色姿态
        s.moveRight();// 改变角色位置
    }
    else if
    ...
}
```

Sprite 类代码示例如下：

```java
public class Sprite {
    int LcX,LcY;      // 角色的位置
    int SizeW,SizeH;  // 图片大小
    int maze[][];     // 迷宫数组
    int indexI = 1,indexJ = 1;   // 角色在数组中的索引位置
    // 初始角色状态
    public Sprite(int x,int y,int w,int h,int[][] m)
    {
        LcX = x;
        LcY = y;
        SizeW = w;
        SizeH = h;
        maze = m;
    }
    public void moveUp()    // 角色向上
    {
        if(isPassed(indexI,indexJ,'U'))  // 判断是否可向上移动
        {
            LcY -= SizeW;   // 移动角色 Y 坐标
            indexI -- ;     // 改变角色(纵向)索引位置
        }
    }
    public void moveDown()
    {
        if(isPassed(indexI,indexJ,'D'))
        {
            LcY += SizeW;
            indexI ++ ;
        }
    }
    public void moveRight()
    {
```

```
        if(isPassed(indexI,indexJ,'R'))
        {
            LcX += SizeW;
            indexJ ++ ;
        }
    }
    public void moveLeft()
    {
        if(isPassed(indexI,indexJ,'L'))
        {
            LcX -= SizeW;
            indexJ -- ;
        }
    }
    // 判断角色是否可以移动
    private boolean isPassed(int i,int j,char d)
    {
        boolean pass = false;
        switch (d)
        {
            case 'U':
                if(maze[i-1][j] == 0)   // 上方元素值是否为 0
                    pass = true;
                break;
            case 'D':
                if(maze[i+1][j] == 0)   // 下方元素值是否为 0
                    pass = true;
                 break;
            case 'L':
                if(maze[i][j-1] == 0)   // 左方元素值是否为 0
                    pass = true;
                break;
            case 'R':
                if(maze[i][j+1] == 0) // 右方元素值是否为 0
                    pass = true;
                break;
        }
        return pass;
    }
}
```

11.7 本章小结

本章主要介绍游戏动画进阶的一些技巧，我们将面向对象程序设计的理念引进游戏开发中。游戏里面有很多的角色,它们是游戏的主体,被称之为游戏精灵,这些游戏主体有自己的位置、大小、运动速度等特性。在角色移动过程中我们还介绍了一个很重要的碰撞检测算法,该算法适用于任何的游戏中。最后本章还介绍了贴图动画和卷轴动画,此技巧是游戏中经常使用的。

思 考 题

(1) 在 11.4 节中的飞机发射子弹游戏中,飞机只有等之前的子弹消失不见后才能发射下一枚子弹,要求修改程序使飞机可以随时发射子弹,之前发射的子弹按照正常速度和轨迹运行,如图 11-14 所示。

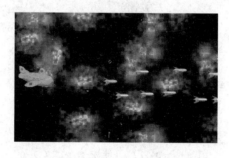

图 11-14　飞机可以发射多枚子弹的效果

(2) 为 11.5 节的卷轴动画加上键盘事件处理,使用键盘的上下左右方向键来控制对应方向的卷轴动画。

高级系统篇

第12章 GUI编程

GUI 全称是 Graphical User Interface，即图形用户界面。图形用户界面不仅可以提供各种数据的基本图形的直观表示形式，而且可以建立友好的交互方式。目前，图形用户界面已经成为一种趋势，它的好处自不必多说了，所以几乎所有的程序设计语言都提供了 GUI 设计功能。在 Java 里有两个包为 GUI 设计提供丰富的功能，它们是 AWT 和 Swing。AWT 是 Java 的早期版本，其中的 AWT 组件种类有限，可以提供基本的 GUI 设计工具，却无法完全实现目前 GUI 设计所需的所有功能。Swing 是 SUN 公司对早期版本的改进版本，它不仅包括 AWT 中具有的所有部件，并且提供了更加丰富的部件和功能，它足以完全实现 GUI 设计所需的一切功能。本章例子主要使用 Swing 包里面的组件。

12.1 概　　述

12.1.1 GUI 程序设计

GUI 程序设计的定义有很多种。为了能够涵盖 GUI 程序设计的主要内容，我们给它做如下定义：GUI 程序设计就是在 Java GUI 程序设计中，要求按照一定的布局方式将组件安排在容器中，然后通过事件处理的方式实现人机交互。

通过这个定义我们可以看出 GUI 程序的主要元素有：组件、容器、布局管理器以及事件处理。我们将在本章随后的几节中一一介绍这些元素及其编程方法。

下面我们首先通过下面的示例程序来感受一下 Java 的图形界面编程。

```
import javax.swing.*;
public class TestFrame
{
    public static void main(String[] args)
    {
        JFrame f = new JFrame("First GUI");
        f.add(new JButton("ok"));
        f.setSize(300,300);
        f.setVisible(true);
        f.setDefaultCloseOperation(JFrame.EXIT_ON_CLOSE);
    }
}
```

图形界面程序中可以使用各种各样的图形界面元素,如文本框、按钮、列表框、对话框等,我们将这些图形界面元素称为 GUI 组件。其中,JFrame 类用于产生一个具有标题栏的框架窗口。JFrame.setSize 方法设置窗口的大小,JFrame.setVisible 显示或隐藏窗口,程序运行后产生一个如图 12-1 所示的非常标准的框架窗口。用 Swing 编写 Java 的 GUI 程序的图形用户界面的各种组件类都位于 JDK 的 javax.swing 包中,程序开始必须导入 javax.swing 包,可以导入整个 javax.swing 包,也可以只导入程序中用到的那些组件类。编译运行此程序,结果如图 12-1 所示。

图 12-1　标准的框架窗口

12.1.2　组件介绍

组件是 GUI 最基本的组成部分,以图形化方式显示,是能与用户进行交互的对象,例如按钮、标签等。常用组件如图 12-2 所示。

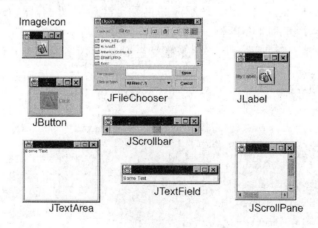

图 12-2　常用组件

常用组件类的继承关系如图 12-3 所示。

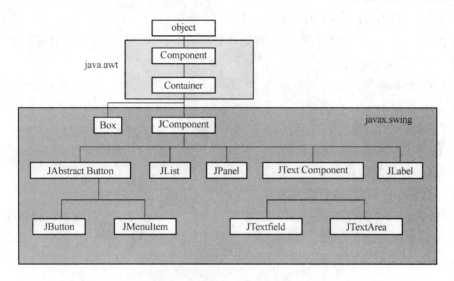

图 12-3　常用组件类的继承关系

普通组件不能独立地显示出来,必须将组件放在一定的容器中才可以显示出来。

组件在容器中的位置和尺寸由布局管理器决定。如要人工控制组件在容器中的大小位置,可取消布局管理器,然后使用 Component 类的成员方法:

setLocation(int x,int y)

setSize(int width,int height)

setBounds(int x,int y,int width,int height)

12.1.3　容器介绍

容器其实也是一种组件,是一种比较特殊的组件,它可以用来容纳其他组件,如窗口、对话框等,所有的容器类都是 java.awt.Container 的直接或间接子类。Container 类是 Component 类的一个子类,由此可见容器本身也具有组件的功能和特点,也可以被当作基本组件一样使用。在上面的程序中,Frame 就是一个容器,它容纳了一个 Button 部件。

容器又有顶层容器和一般容器之分。顶层容器是最外层的容器,它可以嵌套其他组件和一般容器。其他组件或一般容器只有嵌套或"摆放"在顶层容器中才能够显示出来。所以我们的 GUI 程序一般都要先有一个顶层容器。

顶层容器主要有三种:小应用程序(Applet 和 JApplet)、对话框(Dialog 和 JDialog)和框架(Frame 和 JFrame)。以字母 J 开头的 JApplet、JDialog、JFrame 均为包 javax.swing 中的类。Applet 和 JApplet 提供了小应用程序最顶层的容器,主要用来嵌入在网页中运行的程序。Dialog 和 JDialog 用来创建对话框。Frame 和 JFrame 用来产生具有标题栏的窗口。

一般容器包括面板(Panel、JPanel)、滚动窗格(JScrollPane)等,可作为容器容纳其他组件,但不能独立存在,必须被添加到其他顶层容器中。

12.1.4　布局管理器介绍

为了使 GUI 具有良好的平台无关性,Java 中提供了布局管理器这个工具来管理组件在容器中的布局,而不使用直接设置组件位置和大小的方式。

每个容器都有一个布局管理器,当容器需要对某个组件进行定位或判断其大小尺寸时,就会调用其对应的布局管理器。

常用的布局管理器主要有以下几种:FlowLayout、BorderLayout、GridLayout、CardLayout、GridBagLayout。

关于布局管理器的使用我们将在本章随后的章节介绍。

介绍完组件、容器和布局管理器我们可以对这三者进行一下比较。

(1) 容器是能容纳其他组件的组件。

(2) 组件是能与用户进行交互的对象,它一般以图形化方式出现。

(3) 组件不能单独存在,必须存放在容器中,而所有的容器中,只有顶层容器能单独存在,一般容器也必须嵌套在顶层容器中。

(4) 布局是指组件在容器中的大小、位置。

12.2 常用组件和容器编程

在本节我们将通过例子重点介绍常用组件和容器的编程。

12.2.1 JFrame

JFrame 是一类顶层容器,顶层容器是一种特殊的组件,它是我们今后进行 GUI 编程经常用到的一种顶层容器。确切地说,它是顶层框架类,可以在它里面"摆放"其他组件。它的显示效果为"窗口",带有标题和尺寸重置角标;它在 Java 程序中默认为不可见的,可使用方法 setVisible(true)使之可见。

JFrame 默认的布局管理器是 BorderLayout,可使用 setLayout()方法改变其默认布局管理器。它自身带有面板,若要增加新组件到 JFrame 窗口中,则首先获取其面板 getContentPane(),然后将组件加入到面板中。

另外,我们可以通过 setDefaultCloseOperation(JFrame.EXIT_ON_CLOSE)来设置它的默认关闭方式。

下面的例子是关于 JFrame 的编程,在本例子中我们只是显示了顶层容器 JFrame 的实例,而没有在顶层容器中添加其他组件。

```
import java.awt.*;
import javax.swing.*;
public class TestJFrame
{    public static void main( String args[])
    {    JFrame f = new JFrame("I am a Frame");
        f.setSize(300,200);
        frame.setDefaultCloseOperation(JFrame.EXIT_ON_CLOSE);
        f.setVisible( true);
```

        }
}

程序最后运行的效果如图 12-4 所示。

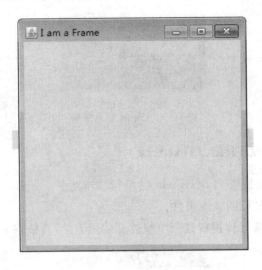

图 12-4　JFrame 显示效果

通过观察程序的运行结果,我们可以看出 JFrame 的显示效果就是一个窗口。

12.2.2　JPanel

JPanel 是一个容器类,但是它不是顶层容器类。因此,如果我们要在程序中使用 JPanel 类,那么我们必须先有一个顶层容器,来盛放 JPanel 的实例。下面是一个使用 JPanel 类的例子。

```
import java.awt.*;
import javax.swing.*;
public class TestJFrameJPanel
{    public static void main(String args[])
    {    JPanel panel = new JPanel();
        panel.setSize(100,50);
        panel.setBackground(Color.GREEN);
        JFrame frame = new JFrame("窗口名称");
        frame.setSize(200,100);
        frame.setBackground(Color.BLUE);
        frame.getContentPane().add(panel);
        frame.setLayout(null);
        frame.setDefaultCloseOperation(JFrame.EXIT_ON_CLOSE);
        frame.setVisible(true);    }
}
```

"JPanel panel=new JPanel()"声明并创建了一个 JPanel 的实例 panel。

"JFrame frame=new JFrame("窗口名称")"声明并创建了一个顶层容器 JFrame 的实例。"frame.getContentPane().add(panel)"把 panel 实例添加到了顶层容器 frame 中。

本例子的运行结果如图 12-5 所示，panel 的背景色是绿色，frame 的背景色是蓝色。

图 12-5　JPanel 显示效果

12.2.3　JButton、JTextField、JTextArea

JButton 是命令式按钮类，JTextField 是单行文本组件，一般用来接收用户文本输入，JTextField 是可以输入多行的文本组件。

下面通过一个例子来具体讲解这三个组件的使用方法，其效果如图 12-6 所示。

图 12-6　JButton、JTextField、JTextArea 显示效果

```java
import javax.swing.*;
public class TestJComp
{   public static void main(String[] args)
    {   //建立 JFrame 实例
        JFrame frame = new JFrame("主窗口");
        JButton button = new JButton("按钮");
        button.setBounds(10,0,100,30);
        JTextField jtf = new JTextField("文本框");
        jtf.setBounds(10,40,100,30);
        JTextArea jta = new JTextArea("文本区域");
        jta.setBounds(120,0,100,50);
        frame.setBounds(100,100,250,120);
        frame.getContentPane().add(button);
        frame.getContentPane().add(jtf);
        frame.getContentPane().add(jta);
        frame.setLayout(null);
        frame.setDefaultCloseOperation(JFrame.EXIT_ON_CLOSE);
        frame.setVisible(true);    }
}
```

12.3 布局管理器

Java 语言提供多种布局管理器来管理组件在容器中的布局方式。常用的布局方式主要有 6 种：FlowLayout、BorderLayout、GridLayout、BoxLayout、GridBayLayout 和 CardLayout。下面重点介绍前三种布局方式。

12.3.1 FlowLayout

FlowLayout 是最基本也是最简单的布局管理器。它是容器 java.awt.Applet、java.awt.Panel 和 Javax.swing.JPanel 的默认布局管理器。它从左到右依次排列容器中的组件。当排满一行时，则继续到下一行从左到右依次排列组件，直到排完所有的组件为止。下面通过具体的例子来讲解 FlowLayout。

```
import javax.swing.*;
public class TestFlowLayout
{   public static void main(String args[])
    {   JFrame f = new JFrame("Flow Layout");
        Button button1 = new Button("Ok");
        Button button2 = new Button("Open");
        Button button3 = new Button("Close");
        f.setLayout(new FlowLayout());
        f.add(button1);         f.add(button2);
        f.add(button3);         f.setSize(100,100);
        f.setVisible(true);     }
}
```

给容器设置 FlowLayout 型布局方式的语句格式是：
容器名.setLayout(new FlowLayout());
语句：f.setLayout(new FlowLayout());将 JFrame 容器的布局方式设置为 FlowLayout。
程序最终的运行效果如图 12-7 所示。
改变容器大小后组件在容器中的位置也随之改变了，如图 12-8 所示。

图 12-7 FlowLayout 布局管理器

图 12-8 改变容器大小

12.3.2 BorderLayout

BorderLayout 是容器 java.awt.Frame、javax.swing.JFrame 和 Javax.swing.JApplet 默认的布局管理器。该布局管理器将容器划分成东西南北中五个区域，如图 12-9 所示。

组件只能被添加到指定的区域。如未指定组件的加入部位，默认为中央区域。每个区域只能加入一个组件，加入多个，则先前加入的组件会被遗弃。

下面通过一个例子来了解一下 BorderLayout 的使用方法。

```
import javax.swing.*;
public class TestBorderLayout
{   public static void main(String args[])
    {   JFrame f;
        f = new JFrame("Border Layout");
        JButton bn = new JButton("北");
        JButton bs = new JButton("南");
        JButton bw = new JButton("西");
        JButton be = new JButton("东");
        JButton bc = new JButton("中");
        f.add(bn,BorderLayout.NORTH);
        f.add(bs,BorderLayout.SOUTH);
        f.add(bw,BorderLayout.WEST);
        f.add(be,BorderLayout.EAST);
        f.add(bc,BorderLayout.CENTER);
        f.setSize(200,200);
        f.setVisible(true);}
}
```

因为 JFrame 的默认布局管理器是 BorderLayout，所以程序中没有显示的设置 JFrame 实例 f 的布局管理器，而是直接通过：

```
f.add(bn,BorderLayout.NORTH);
f.add(bs,BorderLayout.SOUTH);
f.add(bw,BorderLayout.WEST);
f.add(be,BorderLayout.EAST);
f.add(bc,BorderLayout.CENTER);
```

把五个按钮添加到了 BorderLayout 的不同位置。

该程序的运行效果如图 12-10 所示。

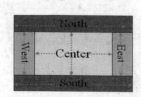

图 12-9 BorderLayout 细节

图 12-10 BorderLayout 显示效果

12.4 事件处理

12.4.1 事件处理机制

大家可以想想,我们在窗口上添加了一个按钮,当用户用鼠标单击这个按钮时,程序不也是什么都不做?如果我们想对鼠标单击按钮这个事件执行某种功能,就必须编写相应的处理程序代码。

对于这种 GUI 程序与用户操作的交互功能,Java 使用了一种自己专门的方式,称之为事件处理机制。在事件处理机制中,我们需要理解以下三个重要的概念。

事件:用户对组件的一个操作,我们称之为一个事件。

事件源:发生事件的组件就是事件源。

事件处理器:负责处理事件的方法。

三者之间的关系如图 12-11 所示。

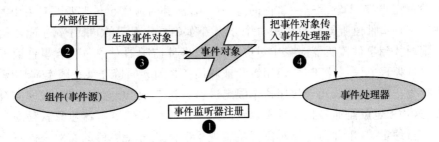

图 12-11 事件、事件源、事件处理器的关系

Java 程序对事件进行处理的方法是放在一个类对象中的,这个类对象就是事件监听器。

我们必须将一个事件监听器对象同某个事件源的某种事件进行关联,这样当某个事件源上发生了某种事件后,关联的事件监听器对象中的有关代码才会被执行。我们把这个关联的过程称为向事件源注册事件监听器对象。从上面的图例中,我们能够看到,事件处理器(事件监听器)首先与组件(事件源)建立关联,当组件接受外部作用(事件)时,组件就会产生一个相应的事件对象,并把此对象传给与之关联的事件处理器,事件处理器就会被启动并执行相关的代码来处理该事件。

基本上明白了 Java 的事件处理机制,我们接着详细介绍事件和事件监听器的一些编程方面的有关知识。

事件用以描述发生了什么事情。AWT 对各种不同的事件按事件的动作(如鼠标操作)、效果(如窗口的关闭和激活)等进行了分类,一类事件对应一个 AWT 事件类。在这里并不给大家罗列各种各样的事件,只为大家简要介绍几个具有典型代表意义的事件,就足以让大家掌握相关的知识了。如果有人想了解所有的事件,不用去查找什么大全之类的书籍,有一个简单的办法,即参阅 JDK 文档中的 java.awt.event 包,那里列出了所有的事件类。

MouseEvent 类对应鼠标事件，包括鼠标按下、鼠标释放、鼠标单击（按下后释放）等。

WindowEvent 类对应窗口事件，包括用户单击了关闭按钮、窗口得到与失去焦点、窗口被最小化等。

ActionEvent 类对应一个动作事件，它不是代表一个具体的动作，而是一种语义，如按钮或菜单被鼠标单击，单行文本框中按下回车键等都可以看作是 ActionEvent 事件。读者可以这么理解 ActionEvent 事件，如果用户的一个动作导致了某个组件本身最基本的作用发生了，这就是 ActionEvent 事件。菜单、按钮放在那就是用来发出某种动作或命令的，鼠标单击（也可以用键盘来操作）这些组件，只是表示要执行这种动作或命令的事情发生了。显然对于这种情况，我们并不关心是鼠标单击，还是键盘按下的。

通过各种事件类提供的方法，我们可以获得事件源对象，以及程序中对这一事件可能要了解的一些特殊信息，如对于鼠标事件，我们很可能要获得鼠标的坐标信息，经过查 JDK 文档就能知道用 MouseEvent.getX、MouseEvent.getY 这两个方法。对于我们编程中遇到的一般正常的需求，开发工具包都会提供，没有解决不了的，只有我们还没找到的。解决问题的关键就看我们有没有现用现找的本领了。

某一类事件其中又包含触发这一事件的若干具体情况。对一类事件的处理由一个事件监听器对象来完成，对于触发这一事件的每一种情况，都对应着事件监听器对象中的一个不同的方法。某种事件监听器对象中的每个方法名称必须是固定的，事件源才能依据事件的具体发生情况找到事件监听器对象中对应的方法，事件监听器对象也包含事件源可能调用到的所有事件处理方法。这正是"调用者和被调用者必须共同遵守某一限定，调用者按照这个限定进行方法调用，被调用者按照这个限定进行方法实现"的应用规则，在面向对象的编程语言中，这种限定就是通过接口类来表示的。事件源和事件监听器对象就是通过事件监听器接口进行约定的，事件监听器对象就是实现了事件监听器接口的类对象。不同的事件类型对应不同的事件监听器接口。

事件监听器接口的名称与事件的名称是相对应的，非常容易记忆，如 MouseEvent 的监听器接口名为 MouseListener，WindowEvent 的监听器接口名为 WindowListener，ActionEvent 的监听器接口名为 ActionListener。

有许多书将众多的事件分为两大类：低级事件和语义事件（又叫高级事件），并列出了所有属于低级事件的事件和所有属于高级事件的事件。能够很清楚地记住哪些是高级事件和哪些是低级事件相当困难，本书可以让你不用记忆，就能够轻松地进行这种区分。如果某个事件的监听器接口中只有一个方法，那么这个事件就是语义事件，如 ActionListener 中只有一个方法，ActionEvent 就是一种语义事件；反之，则为低级事件。另外，从字面上，我们也能够想象，语义事件关心的是一个具有特殊作用的 GUI 组件对应的动作发生了，而不关心这个动作是怎样发生的。

一般来说，事件处理的过程有以下几步。

（1）确定产生的事件属于何种监听器类型。例如，Button 按钮事件 ActionEvent 属于 ActionListener 监听器。

（2）要用事件源的注册方法来注册一个监听器对象。具体的注册方法是：用监听器类的对象作为参数调用事件源本身 addXxxListener() 方法，如 Button 对象.addActionListener(ActionListener 类的对象)。

(3) 监听器对象根据事件对象的内容决定适当的处理方式,即调用相应的事件处理方法,并在事件处理的方法体中编写代码。事件处理方法的参数是事件对象。如重写 ActionListener 接口的 actionPerformed()方法来具体处理按钮事件。

12.4.2 监听器对象的实现形式

监听器对象的形式主要有以下几种。

(1) 有名内部类:addActionListener()的参数形式为自定义监听器的实例。

研究下面的例子,大家可以看到 MyListener 是实现了事件监听器 ActionListener 接口的类,然后我们又通过 EventDemo 类中 btn.addActionListener(new MyListener());给按钮组件添加了事件监听器。

```
import javax.swing.*;
import java.awt.event.*;
class MyListener implements ActionListener
{    //捕获按钮事件
    public void actionPerformed(ActionEvent e)
    {
        //事件处理
    }
}
public class EventDemo extends JFrame
{   public EventDemo()
    {   super("Frame With Button ");
        JButton btn = new JButton("退出");
        //注册监听器
        btn.addActionListener(new MyListener());
        add(btn);
        setVisible(true);
    }
    public static void main(String args[])
    {   EventDemo frm = new EventDemo();
        frm.setDefaultCloseOperation(JFrame.EXIT_ON_CLOSE);    }
}
```

(2) 匿名内部类:addActionListener()参数形式为用 new 开始的一个无名类定义。其中包含事件处理方法。

下面的代码表示 addActionListener()的参数是一个 ActionListener 的匿名内部类形式。

```
New ActionListener()
{
    Public void actionPerformed(ActionEvent e)
```

```
        {
                System.exit(0);
        }
}
import javax.swing.*;
import java.awt.event.*;
public class EventDemo extends JFrame
{    public EventDemo()
        {    super("Frame With Button ");
                JButton btn = new JButton("退出");
                //注册监听器
                btn.addActionListener();
                add(btn);    setVisible(true);
        }
        public static void main(String args[])
        {    EventDemo frm = new EventDemo();
                frm.setDefaultCloseOperation(JFrame.EXIT_ON_CLOSE);}
```

(3) 实现监听器接口：addActionListener()参数为 this，表示本对象就是一个监听器类的对象，在本类中包含事件处理方法，如下例：

```
import java.swing.*;
import java.awt.event.*;
public class EventDemo extends JFrame implements ActionListener
{    Button btn;
     EventDemo()
        {        super("Frame With Button ");
                btn = new Button("退出");
                btn.setBackground(Color.yellow);
                btn.setForeground(Color.blue);
                add(btn);
                btn.addActionListener(this);           //注册按钮事件
        }
    //覆盖处理方法
    public void actionPerformed(ActionEvent e)
    {    if(e.getSource() = = btn)
        {     System.exit(0);       }
    }
        public static void main(String args[ ])
        {        EventDemo frm = new EventDemo();
                frm.setVisible(true);                            //显示框架主窗口
                //设置框架窗口初始大小为刚好只显示出所有的组件
```

```
        frm.setDefaultCloseOperation(JFrame.EXIT_ON_CLOSE);
    }
}
```

（4）继承适配器类：该类为继承相应事件适配器类的子类，类中包含了事件处理方法，参数是该类的一个对象。关于继承适配器类的形式，这里就不再详细说了，感兴趣的读者可以查阅相关书籍。

12.4.3 事件处理实例

要求：单击"现在时间"按钮，就会显示当前的系统时间。界面设计及功能如图12-12所示。

程序代码如下所示：

```
import java.awt.*;
import java.awt.event.*;
import javax.swing.*;
import java.util.*;
// 继承JFrame类并实现ActionListener接口
public class SwingDemo extends JFrame implements ActionListener
{   JButton b1;                              // 声明按钮对象
    JLabel l1,l2;                            // 声明标签对象
    SwingDemo()                              // 定义构造方法
    {   super("Swing应用程序的例");
        //定义标签,文字居中
        l1 = new JLabel("一个GUI应用程序的例子",JLabel.CENTER);
        l2 = new JLabel(" ");                //定义无文字标签
        b1 = new JButton("现在时间[T]");      //定义按钮
        b1.setMnemonic(KeyEvent.VK_T);       //设置按钮的快捷键
        b1.setActionCommand("time");         //设置按钮事件的控制名称
        b1.addActionListener(this);          //注册按钮事件
        // 向内容窗格添加标签l1,l2,l3
        getContentPane().add(l1,BorderLayout.NORTH);
        getContentPane().add(l2,BorderLayout.CENTER);
        getContentPane().add(b1,BorderLayout.SOUTH);
    }
    // 对按钮引发事件编程
    public void actionPerformed(ActionEvent e)
    {   // 捕获按钮事件
        // 获取系统日期和事件
        Calendar c1 = Calendar.getInstance();
        // 判断是否为所需的按钮事件
```

图12-12 显示当前系统时间

```
            if(e.getActionCommand().equals("time"))
            {    // 设置标签文字
            l2.setText("现在时间是"+c1.get(Calendar.HOUR_OF_DAY)+"时"+c1.get(Calendar.MINUTE)+"分");
            // 设置标签文字居中对齐
            l2.setHorizontalAlignment(JLabel.CENTER);}
        else
        System.exit(0);            }
    // 主方法
    public static void main(String args[])
    {    // 创建 JFrame 对象,初始不可见
        JFrame frame = new SwingDemo();
        // 设置框架关闭按钮事件
        frame.setDefaultCloseOperation(JFrame.EXIT_ON_CLOSE);
        // 显示框架主窗口
        frame.setVisible(true);
    }}
```

12.5 扫雷游戏

用 Java 编写一款 Windows 自带扫雷游戏的简化版,效果如图 12-13～图 12-16 所示。采用 Swing 界面,其中运用 OO 思想、多线程技术、Java 的 awt.events 消息处理、实践 Java 课程多方面的内容。

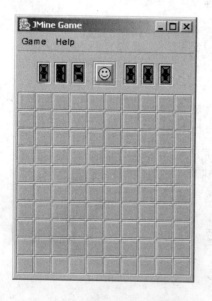

图 12-13　程序主界面效果图

图 12-14　胜利对话框

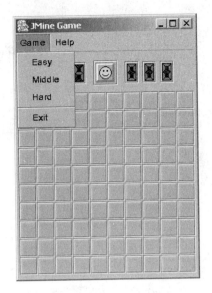
图 12-15　Game 菜单

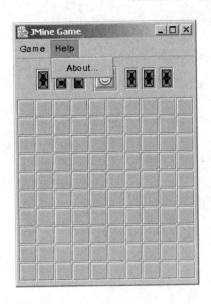
图 12-16　About 菜单

本程序实现了主要游戏的主要方面,单游戏固定为 10×10 格,难度三级:分别为 12、24、36 颗地雷。单击鼠标右键为踩雷。单击鼠标右键在标记、疑问、空白三种状态中循环。同时单击鼠标左右键为踩单击点在内的周围九格内所有没有标记为已标记的所有格子。同时程序从单击第一次时开始计时,到胜利或引爆地雷终结。胜利后,单击三个难度选择按钮内的一个重启游戏。单击"Game"菜单"Exit"菜单项或程序对话框上的关闭按钮退出游戏。

主要实现了如下算法:单击某行某列后产生不在单击处引爆的地图;出现空格后引发递归的清空算法;检测是否所有地雷都被标记,且没有多标的胜利检测算法;控制一个计数器产生计时效果的计时器算法;等候用户单击返回的线程;可区分用户鼠标左键、右键和左右两键单击的事件处理方法。

程序设计主要考虑了程序的完整性和规范性。界面符合 Windows 常规,主要通过菜单和按钮与用户交互。所有菜单项都实现了响应功能。且主界面多用图标示意,较美观。

该工程所需的类文件如表 12-1 所示。

表 12-1　程序文件说明

文件	内容
AboutFrame.java	程序"关于"对话框
JCounter.java	计数器类
JMine.java	主程序类
JMineArth.java	地雷分布图算法类
JMineButton.java	Jbutton 的扩展类有行号、列号、标记标志和单击标志
StartJMine.java	程序入口点
WinFrame.java	胜利对话框,有易、中、难三个启动选项
StartJMine.bat	运行程序的批处理文件

代码提示：

```java
package zhangli;
import java.awt.event.*;
import javax.swing.*;
import java.awt.*;
class JMine extends JFrame implements MouseListener,ActionListener {
    private JMineArth mine;
    private JMineButton [][] mineButton;
    private GridBagConstraints constraints;
    private JPanel pane;
    private GridBagLayout gridbag;
    private boolean gameStarted;
    private JCounter mineCounter;
    private JCounter timeCounter;
    private TimeCounterThread timerThread;
    public int numMine;
    public int numFlaged;
    private JMenuBar mb;
    private JMenu mGame;
    private JMenuItem miEasy;
    private JMenuItem miMiddle;
    private JMenuItem miHard;
    private JMenuItem miExit;
    private JMenu mHelp;
    private JMenuItem miAbout;
    private JPanel controlPane;
    private JButton bTest;
    private AboutFrame about;
    private ImageIcon [] mineNumIcon = { new ImageIcon(" image/0.gif "),new ImageIcon(" image/1.gif "),new ImageIcon(" image/2.gif "),new ImageIcon(" image/3.gif "),new ImageIcon(" image/4.gif "),new mageIcon(" image/5.gif "),new ImageIcon(" image/6.gif "),new ImageIcon(" image/7.gif "),new ImageIcon(" image/8.gif "),new ImageIcon (" image /9.gif " )};
    private ImageIcon[] mineStatus = { new ImageIcon(" image/0.gif "),new ImageIcon(" image/flag.gif "),new ImageIcon(" image/question.gif ") };
    private ImageIcon[] mineBombStatus = { new ImageIcon(" image/0.gif "),new ImageIcon(" image/mine.gif "),new ImageIcon(" image/wrongmine.gif "),new ImageIcon(" image/bomb.gif ") };
    private ImageIcon[] faceIcon = { new ImageIcon(" image/smile.gif "),new ImageIcon(" image/Ooo.gif ")};
    private void bomb(int row,int col){
        timerThread.stop();
        for (int i = 0;i < 10;i++) {
```

```java
            for (int j = 0;j < 10;j ++ ) {
                mineButton[i][j].setIcon(mineBombStatus[0]);
                int toShow;
                toShow = mine.mine[i][j]! = 9? 0: 1;
                mineButton[i][j].setClickFlag(true);
                if ( toShow = = 1 && (i! = row || j! = col)) {
                   mineButton[i][j].setIcon(mineBombStatus[toShow]);
                   mineButton[i][j].setClickFlag(true);}
                else if (toShow = = 1 && (i = = row && j = = col)) {
                   mineButton[i][j].setIcon(mineBombStatus[3]);
                   mineButton[i][j].setClickFlag(true);}
                else if (toShow = = 0 && mineButton[i][j].getFlag()! = 1) {
                   mineButton[i][j].setEnabled(false);}
                else if ( toShow = = 0 && mineButton[i][j].getFlag() = = 1) {
                   mineButton[i][j].setIcon(mineBombStatus[2]);
                   mineButton[i][j].setClickFlag(true);}}}}
private boolean isWin() {
   int minesCount = 0;
   for (int i = 0;i < 10;i ++ ) {
      for (int j = 0;j <10;j ++ ) {
         if(mine.mine[i][j] = = 9 && mineButton[i][j].getFlag()! = 1) {
              return(false); }
         if(mine.mine[i][j]! = 9 && mineButton[i][j].getFlag() = = 1) {
              return(false); }
         if(mine.mine[i][j]! = 9 && mineButton[i][j].getClickFlag() = = false) {
              return(false); } }
      return(true);}
private void win(){
   timerThread.stop();
   RestartRunner r = new RestartRunner();
   r.setMine(this);
   r.setTimer(timerThread);
   Thread t = new Thread(r);
   t.start(); }
public JMine() {
   super("JMine Game ");
   setSize(250,350);
   setDefaultCloseOperation(JFrame.EXIT_ON_CLOSE);
   Insets space = new Insets(0,0,0,0);
   gameStarted = false;
   numMine = 12;
```

```java
numFlaged = 0;
ImageIcon myIcon = new ImageIcon("0.gif");
gridbag = new GridBagLayout();
constraints = new GridBagConstraints();
pane = new JPanel();
pane.setLayout(gridbag);
constraints.fill = GridBagConstraints.BOTH;
constraints.anchor = GridBagConstraints.CENTER;
mb = new JMenuBar();
mGame = new JMenu("Game");
miEasy = new JMenuItem("Easy");
miEasy.addActionListener(this);
miMiddle = new JMenuItem("Middle");
miMiddle.addActionListener(this);
miHard = new JMenuItem("Hard");
miHard.addActionListener(this);
miExit = new JMenuItem("Exit");
miExit.addActionListener(this);
mGame.add(miEasy);
mGame.add(miMiddle);
mGame.add(miHard);
mGame.addSeparator();
mGame.add(miExit);
mb.add(mGame);
mHelp = new JMenu("Help");
miAbout = new JMenuItem("About...");
mHelp.add(miAbout);
miAbout.addActionListener(this);
mb.add(mHelp);
this.setJMenuBar(mb);
controlPane = new JPanel();
bTest = new JButton(faceIcon[0]);
bTest.setSize(26,27);
bTest.setMargin(space);
bTest.addMouseListener(this);
bTest.setPressedIcon(faceIcon[1]);
mineCounter = new JCounter(numMine);
timeCounter = new JCounter();
controlPane.add(mineCounter);
controlPane.add(bTest);
controlPane.add(timeCounter);
```

```
            buildConstraints(constraints,0,0,10,2,100,100);
            gridbag.setConstraints(controlPane,constraints);
            pane.add(controlPane);
            mineButton = new JMineButton[10][10];
            for (int i = 0;i < 10;i++) {
               for (int j = 0;j < 10;j++) {
                   mineButton[i][j] = new JMineButton(i,j,myIcon);
                   mineButton[i][j].addMouseListener(this);
                   mineButton[i][j].setMargin(space);
                   buildConstraints(constraints,j,i+3,1,1,100,100);
                   gridbag.setConstraints(mineButton[i][j],constraints);
                   pane.add(mineButton[i][j]);   }  }
            setContentPane(pane);
            setLocation(200,150);
            setVisible(true);
            about = new AboutFrame("JMine About ");
       }
   void buildConstraints(GridBagConstraints gbc,int gx,int gy,int gw,int gh,int wx,int wy)
   {    gbc.gridx = gx;
        gbc.gridy = gy;
        gbc.gridwidth = gw;
        gbc.gridheight = gh;
        gbc.weightx = wx;
        gbc.weighty = wy;
   }
       void checkMine(int row,int col) {
            int i,j;
            i = row<0? 0:row;
            i = i>9? 9:i;
            j = col<0? 0:col;
            j = j>9? 9:j;
            if (mine.mine[i][j] == 9) {
                bomb(i,j);  }
            else if (mine.mine[i][j] == 0 && mineButton[i][j].getClickFlag() == false) {
                mineButton[i][j].setClickFlag(true);
                    showLabel(i,j);
                for (int ii = i-1;ii <= i+1;ii++)
                   for (int jj = j-1;jj <= j+1;jj++)
                   checkMine(ii,jj);}
            else { showLabel(i,j);
                mineButton[i][j].setClickFlag(true);}
```

```java
            if (isWin()) {
                win();}
        }
        private void clearAll(int row,int col) {
            int top,bottom,left,right,count = 0;
            top = row - 1>0? row - 1:0;
            bottom = row + 1<10? row + 1:9;
            left = col - 1>0? col - 1:0;
            right = col + 1<10? col + 1:9;
            for (int i = top;i< = bottom;i++) {
            for(int j = left;j< = right;j++) {
                if (mineButton[i][j].getFlag()! = 1) checkMine(i,j);
            } }
        }
        private void resetAll() {
          for (int i = 0;i<10;i++) {
            for(int j = 0;j< 10;j++) {
                mineButton[i][j].setFlag(0);
                mineButton[i][j].setClickFlag(false);
                mineButton[i][j].setIcon(mineStatus[0]);
                mineButton[i][j].setEnabled(true);
                mineButton[i][j].setVisible(true);
            } }
        }
    void flagMine(int row,int col) {
        int i,j;
        i = row<0? 0:row;
        i = i>9? 9:i;
        j = col<0? 0:col;
        j = j>9? 9:j;
        if(mineButton[i][j].getFlag() = = 0) {
          numFlaged++;
        } else if(mineButton[i][j].getFlag() = = 1){
          numFlaged--;
        }
        mineCounter.resetCounter(numMine-numFlaged> = 0? numMine-numFlaged:0);
        mineButton[i][j].setFlag((mineButton[i][j].getFlag() + 1) % 3);
        showFlag(i,j);
        if (isWin()) {
            win();}
    }
```

```java
    void showLabel(int row,int col) {
       int toShow;
       toShow = mine.mine[row][col];
       if (toShow ! = 0) {
           mineButton[row][col].setIcon(mineNumIcon[toShow]);
           mineButton[row][col].setClickFlag(true);}
       else { mineButton[row][col].setEnabled(false);    }
    }
    void showFlag(int row,int col) {
       mineButton[row][col].setIcon(mineStatus[mineButton[row][col].getFlag()]);
    }
    public void mouseEntered(MouseEvent e) {   }
    private void startNewGame(int num,int row,int col) {
         mine = new JMineArth(num,row,col);
         gameStarted = true;
         timerThread = new TimeCounterThread(timeCounter);
         timerThread.start();
    }
    public void setNewGame(int num){
         resetAll();
         numMine = num;
         numFlaged = 0;
         gameStarted = false;
         mineCounter.resetCounter(numMine);
         timeCounter.resetCounter(0);
         timerThread.stop();
    }
public void mouseClicked(MouseEvent e) {
          if(e.getSource() = = bTest) {
          setNewGame(numMine);
          return;  }
     int  row,col;
     row = ((JMineButton)e.getSource()).getRow();
     col = ((JMineButton)e.getSource()).getCol();
     if (! gameStarted) {
         startNewGame(numMine,row,col);
     }
if (e.getModifiers() = = (InputEvent.BUTTON1_MASK + InputEvent.BUTTON3_MASK))
  { clearAll(row,col);}
    if (! mineButton[row][col].getClickFlag()) {
         if (e.getModifiers() = = InputEvent.BUTTON1_MASK) {
```

```java
                    if (mineButton[row][col].getFlag() = = 1 ) {
                        return;   }
                    else {checkMine(row,col);}
            }
            else if (e.getModifiers() = = InputEvent.BUTTON3_MASK){
                    flagMine(row,col);
            } else {   }
        }
    }
    public void mousePressed(MouseEvent e) {   }
    public void mouseReleased(MouseEvent e) {}
    public void mouseExited(MouseEvent e) {}
    public void actionPerformed(ActionEvent e) {
      if(e.getSource() = = miEasy) {
          setNewGame(12);
          return;   }
      if(e.getSource() = = miMiddle) {
          setNewGame(24);
          return;   }
      if(e.getSource() = = miHard) {
          setNewGame(36 );
          return;   }
      if(e.getSource() = = miExit) {
          System.exit(0);}
      if(e.getSource() = = miAbout) {
          about.setVisible(true);}
    }
}
class RestartRunner implements Runnable {
    private WinFrame win;
    private JMine mine;
    private boolean isMineSet;
    private TimeCounterThread timer;
    public void setMine(JMine mine) {
      this.mine = mine;
    }
    public void setTimer(TimeCounterThread timer) {
      this.timer = timer;
    }
    public void run(){
      isMineSet = false;
```

```
        win = new WinFrame("You win! ");
        while (! this.win.getWinOk()||isMineSet) { }
        mine.numMine = win.getMineNum();
        mine.setNewGame(mine.numMine);
        timer.stop();
        win.setVisible(false);
    }
}
class TimeCounterThread extends Thread {
    private JCounter timeCounter;
    TimeCounterThread (JCounter time) {
        timeCounter = time;
    }
    public void run() {
        while (true) {
            try {
                sleep(1000);
                timeCounter.resetCounter(timeCounter.getCounterNum() + 1); }
            catch(InterruptedException e) {}
        }
    }
}
```

12.6 本章小结

本章主要学习了组件、布局管理器和事件处理机制及它们的程序设计方法。现在让我们总结一下 GUI 应用程序的开发步骤。

（1）引入 AWT 包、AWT 事件处理包（Swing）

```
import java.awt.*;
import java.awt.event.*;
import javax.swing.*;
```

（2）设置一个顶层的容器。每一个使用 Swing GUI 的应用程序都必须至少包含一个顶层 Swing 容器组件。这样的容器有四种：JFrame、JDialog、JApplet 和 JWindow。

（3）根据需要使用默认的布局管理器或设置另外的布局管理器。

（4）定义组件并将它们添加到容器中。

（5）设置组件事件编码。

思 考 题

常用的布局管理器有哪些？有什么特点？

第13章 桌面办公助手软件设计与实现

桌面办公助手软件是针对当前众多的桌面日历,综合其各项基本功能来开发的一款属于用户的日程编辑、日程提醒、日期查询等工作的使用工具,方便了使用者对每日行程的掌握。本章所实现软件包含7大功能:时钟程序是以模拟表盘的形态显示时间;备忘录程序供用户填写备忘内容;日历程序使用户查看当前或其他年份的具体日期;通讯录程序可以记录用户需要添加的联系人信息;计算器可以进行简单计算;电子相册可以播放用户选择的JPG图片;倒计时器程序用于提醒用户设定的时间。

13.1 关键技术解析

本软件界面编程采用Java GUI,数据库采用MySQL,可视化工具采用MySQL Administration,数据库连接技术采用Java JDBC。

13.1.1 MySQL GUI Tools 工具介绍

MySQL官方提供了一个可视化界面的MySQL数据库管理控制台,提供了四个图像化应用程序,这些图形化管理工具可以大大提高数据库管理、备份、迁移、查询效率。它们分别是MySQL Migration Toolkit、MySQL Administrator、MySQL Workbench、MySQL Query Browser。

本次使用的是MySQL Administrator工具完成的数据库的建表工作,MySQL Administrator让使用者更容易检测MySQL环境,并对数据库取得更好的能见度。

MySQL Administrator主要特色功能如下。

(1) 启动/停止 MySQL 服务。

(2) 健康状况查看:连接健康实时曲线图查看(连接使用率、流量、SQL查询数)、内存健康查看(Query Cache Hitrate,Key Efficiency)、状态变量查看(普通,性能,网络,执行的命令,混合,新变量)、系统变量查看(普通,连接,SQL,内存,表类型,新变量)。

13.1.2 JDBC 数据库编程

1. JDBC 简介

JDBC(Java Database Connectivity,Java数据库连接)是一种用于执行SQL语句的JavaAPI,可以为多种关系数据库提供统一访问,它由一组用Java语言编写的类和接口组成。JDBC为工具/数据库开发人员提供了一个标准API,据此可以构建更为高级的工具和接口,使数据库开发人员能够用纯JavaAPI编写数据库应用程序,同时JDBC也是个商标名。

有了JDBC,向各种关系数据发送SQL语句就是一件很容易的事。换言之,有了JDBC API,就不必为访问Sybase数据库专门写一个程序,为访问Oracle数据库又专门写一个程序,或为访问Informix数据库又编写另一个程序等,程序员只需用JDBC API写一个程序就够了,它可向相应数据库发送SQL调用。同时,将Java语言和JDBC结合起来使程序员不必为不同的平台编写不同的应用程序,只需写一遍程序就可以让它在任何平台上运行,这也是Java语言"编写一次,处处运行"的优势。

2. JDBC编程步骤

(1) 引用必要的包

```
import java.sql.*;    //它包含有操作数据库的各个类与接口
```

(2) 加载连接数据库的驱动程序

为实现与特定的数据库相连接,JDBC必须加载相应的驱动程序类。这通常可以采用Class.forName()方法显式地加载一个驱动程序类,由驱动程序负责向DriverManager登记注册并在与数据库相连接时,DriverManager将使用此驱动程序。

各种数据库的驱动程序名称各有不同,例如:

```
com.microsoft.jdbc.sqlserver.SQLServerDriver      //SQL Server2000 驱动类名
com.microsoft.sqlserver.jdbc.SQLServerDriver      //SQL Server2005 驱动类名
oracle.jdbc.driver.OracleDriver                   //Oracle 驱动类名
com.mysql.jdbc.Driver                             //MySql 驱动类名
```

加载SQL Server 2005驱动程序示例如下:

```
Class.forName("com.microsoft.sqlserver.jdbc.SQLServerDriver");
```

(3) 创建与数据源的连接

① 首先要指明数据源,JDBC技术中使用数据库URL来标识目标数据库。

数据库URL格式:jdbc:〈子协议名〉:〈子名称〉,其中jdbc为协议名,确定不变,〈子协议名〉指定目标数据库的种类和具体连接方式;〈子名称〉指定具体的数据库/数据源连接信息(如数据库服务器的IP地址/通信端口号、ODBC数据源名称、连接用户名/密码等),子名称的格式和内容随子协议的不同而改变。

各种数据库的URL有所不同,例如:

```
jdbc:microsoft:sqlserver://127.0.0.1:1333;DatabaseName = pubs
                                                                //SQL Server 2000 URL
jdbc:sqlserver://localhost:1333;DatabaseName = zhangli          //SQL Server 2005 URL
jdbc:oracle:thin:@166.111.78.98:1521:ora9                       //Oracle URL
jdbc:mysql://127.0.0.1/DatabaseName = studentcs                 //MySql URL
```

② 创建与数据源的连接。

调用DriverManager类提供的getConnection函数来获取连接。

下面演示创建到本机的名为zhangli的SQL Server 2005数据库的连接:

```
String url = "jdbc:sqlserver: //localhost:1333;DatabaseName = zhangli";
String username = "root";         //用户名
```

```
String password = "zhangli";    //密码
Connection conn = DriverManager.getConnection(url,username,password);
```

(4) 执行 SQL 语句,对数据库进行增、删、改、查等操作

① 第一种方法:使用 Statement 对象来执行 SQL 操作。

步骤一:要执行一个 SQL 查询语句,必须首先创建出 Statement 对象,它封装代表要执行的 SQL 语句,并执行 SQL 语句以返回一个 ResultSet 对象,这可以通过 Connection 类中的 createStatement()方法来实现。例如:

```
Statement stmt = conn.createStatement();
```

步骤二:调用 Statement 提供的 executeQuery()、executeUpdate() 或 execute()来执行 SQL 语句。具体使用哪一个方法由 SQL 语句本身来决定。

executeQuery 方法用于产生单个结果集的语句,例如 SELECT 语句等,如:

```
ResultSet rs = stmt.executeQuery("select * from stu");
```

executeUpdate 方法用于执行 INSERT、UPDATE 或 DELETE 语句以及 SQL DDL (数据定义语言)语句,例如 CREATE TABLE 和 DROP TABLE。INSERT、UPDATE 或 DELETE 语句的效果是修改表中零行或多行中的一列或多列。executeUpdate 的返回值是一个整数,指示受影响的行数(即更新计数)。对于 CREATE TABLE 或 DROP TABLE 等不操作行的语句,executeUpdate 的返回值总为零。

execute 方法用于执行返回多个结果集、多个更新计数或二者组合的语句。一般不会需要该高级功能。

注意:一个 Statement 对象在同一时间只能打开一个结果集,对第二个结果集的打开隐含着对第一个结果集的关闭;如果想对多个结果集同时操作,必须创建出多个 Statement 对象,在每个 Statement 对象上执行 SQL 查询语句以获得相应的结果集;如果不需要同时处理多个结果集,则可以在一个 Statement 对象上顺序执行多个 SQL 查询语句,对获得的结果集进行顺序操作。

② 第二种方法:使用 PreparedStatement 对象来执行 SQL 操作。

由于 Statement 对象在每次执行 SQL 语句时都将该语句传给数据库,如果需要多次执行同一条 SQL 语句时,这样将导致执行效率特别低,此时可以采用 PreparedStatement 对象来封装 SQL 语句。

PreparedStatement 对象的功能是对 SQL 语句做预编译,而且 PreparedStatement 对象的 SQL 语句还可以接收参数。

步骤一:通过 Connection 对象的 prepareStatement 方法创建一个 PreparedStatement 对象,在创建时可以给出预编译的 SQL 语句,例如:

```
String sql = "insert into table1(id,name) values(45,'zhangli')";
PreparedStatement pstmt = null;
pstmt = conn.prepareStatement(sql);
```

步骤二:执行 SQL 语句,可以调用 executeQuery()或者 executeUpdate()来实现,但与 Statement 方式不同的是,它没有参数,因为在创建 PreparedStatement 对象时已经给出了要执行的 SQL 语句,系统并进行了预编译。

```
int n = pstmt.executeUpdate();
```

(5) 获得 SQL 语句执行的结果

executeUpdate 的返回值是一个整数,而 executeQuery 的返回值是一个结果集,它包含所有的查询结果。但对 ResultSet 类的对象方式依赖于光标(Cursor)的类型,而对每一行中的各个列,可以按任何顺序进行处理(当然,如果按从左到右的顺序对各列进行处理可以获得较高的执行效率)。

ResultSet 对象维持一个指向当前行的指针,利用 ResultSet 类的 next()方法可以移动到下一行(在 JDBC 中,Java 程序一次只能看到一行数据),如果 next()的返回值为 false,则说明已到记录集的尾部。另外 JDBC 也没有类似 ODBC 的书签功能的方法。

利用 ResultSet 类的 getXXX()方法可以获得某一列的结果,其中 XXX 代表 JDBC 中的 Java 数据类型,如 getInt()、getString()、getDate()等。访问时需要指定要检索的列(可以采用 int 值作为列号(从 1 开始计数)或指定列(字段)名方式,但字段名不区别字母的大小写)。

```
while(rs.next())
{    String name = rs.getString("Name");
     int age = rs.getInt("age");
     float wage = rs.getFloat("wage");         //采用"列名"的方式访问数据
     String homeAddress = rs.getString(4);     //采用"列号"的方式访问数据
}
```

要点:利用 ResultSet 类的 getXXX()方法可以实现将 ResultSet 中的 SQL 数据类型转换为它所返回的 Java 数据类型;在每一行内,可按任何次序获取列值。但为了保证可移植性,应该从左至右获取列值,并且一次性地读取列值。

(6) 关闭查询语句及与数据库的连接(注意关闭的顺序先 rs 再 stmt 最后为 con,一般可以在 finally 语句中实现关闭)

```
rs.close();
stmt.close();//或者 pstmt.close();
con.close();
```

13.2 系统功能分析

从本次软件的功能角度讲,分为 8 大模块:界面模块、备忘录模块、倒计时器模块、电子相册模块、计算器模块、日历模块、时钟模块和通讯录模块。软件功能图如图 13-1 所示。

界面模块:是将其他 7 个应用程序模块与界面的 7 个按钮相连接,单击相应的按钮会触发启动相应的模块程序。

备忘录模块:可以记录用户的日程和事件。

电子相册模块:可以显示用户选择的图片进行播放。

计算器模块:可进行一些简单的计算。

日历模块:可显示当前时间,或配合用户查询日期。

时钟模块:显示当前时间,用动态表盘的形式。

通讯录模块:可以添加联系人的信息。

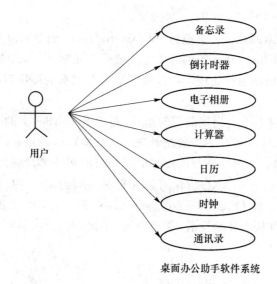

图 13-1 软件功能分析图

倒计时器模块：可以设定时间，计时结束之后有对话框弹出提醒用户计时结束。软件详细功能如图 13-2 所示。

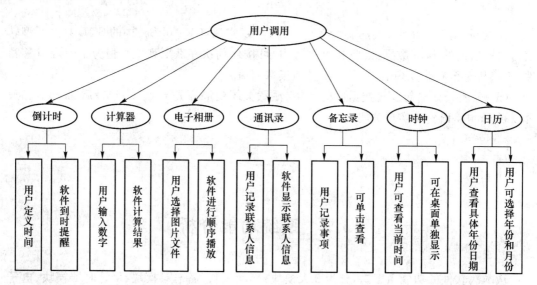

图 13-2 详细功能

13.3 数据库设计与连接

13.3.1 数据库表的设计

本软件在通讯录模块用到了数据库技术，通讯录表 address 设计如表 13-1 所示。

表 13-1　address 表各字段结构图

字段名称	类型	描述
id	INT	用户编号,自动增长,主键
name	VARCHAR	用户的真实姓名,不能为空
sex	VARCHAR	用户年龄,不能为空
phone	INT	用户号码,不能为空

13.3.2　JDBC 操作

（1）配置 MySQL 数据库的驱动程序

使用 MySQL 数据库进行开发，必须将 MySQL 数据库的驱动程序配置到 classpath 中。

在"我的电脑"属性中，选择"高级"/"环境变量"/"新建"，在新建面板中输入变量名，在变量值中找到驱动程序的位置，如图 13-3 所示。

图 13-3　设置环境变量

（2）加载驱动程序

MySQL 中数据库驱动程序路径是 org.gjt.mm.mysql.Driver。

```
Class.forName("org.gjt.mm.mysql.Driver").newInstance();
Connection conn = DriverManager.getConnection("jdbc:mysql://localhost:3306/"+"mysql?"
+"user=root&password=mysqladmin");
```

13.4　各模块功能设计与实现

13.4.1　备忘录模块实现

（1）备忘录界面设计

File、Edit、Help 这三项为设置备忘录的菜单栏项目，将这三个项目放置于 MenuBar 之中，MenuBar 是菜单栏。效果如图 13-4 所示。

```
MenuBar menuBar = new MenuBar();
Menu file = new Menu("File"),
edit = new Menu("Edit"),
elp = new Menu("Help");
```

图 13-4　备忘录菜单栏实现效果图

（2）备忘录核心功能实现

此部分的代码是菜单栏中的新建、打开、保存、退出、全选、复制、剪切、粘贴、帮助的功能性代码，效果如图 13-5 所示。

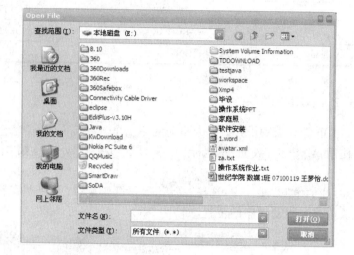

图 13-5　备忘录下拉菜单图和备忘录单击打开效果图

```
MenuItem[] menuItem = {
new MenuItem("New"),
new MenuItem("Open"),
new MenuItem("Save"),
new MenuItem("Exit"),
...};}
```

这部分代码是将所有的菜单栏中的项目与菜单栏按钮相连接，连接的方法是用按钮动作监听的方式，使得按钮本身变得有意义。

下面的代码为打开项目的事件监听代码。

```
/**************事件监听**************/ （打开部分）
if(eventSource == menuItem[1])//OpenItem
{
openFileDialog.show();
fileName = openFileDialog.getDirectory() + openFileDialog.getFile();
if(fileName != null){openFile(fileName);}
```

13.4.2　倒计时模块实现

（1）倒计时界面设计

此部分代码是将所有的标签字体都加入到新建的面板之中，并将标签字体在面板中运用 BorderLayout 的布局管理器。

BorderLayout 将一个窗体的版面划分成东、西、南、北、中五个区域，可以直接将需要的组件放到这 13 个区域中。将标签文字的位置选中五个区域的其中之一便可。

```
JPanel north = new JPanel();
north.setLayout(new BorderLayout());
```

```
north.add(label1,BorderLayout.CENTER);north.add(startTime,BorderLayout.NORTH);
this.add(north,BorderLayout.NORTH);
this.add(label2,BorderLayout.CENTER);
```

上面的代码是编写了三个文本框,这三个文本框分别对应着小时、分钟、秒钟。用户在文本框中输入的数字后,单击"开始计时"按钮,会将用户输入的数字进行计算。效果如图13-6所示。

图 13-6 倒计时器界面效果图

在 Swing 中有三个文本框类型,单行文本框(JTextField)是本次使用的文本框类型。
```
hour = new JTextField(0 + "",4);
min = new JTextField(0 + "",4);
sec = new JTextField(0 + "",4);
```

(2) 倒计时模块核心功能实现

① 总体设定时间内部计算代码实现

此处为设定时间的计算代码,将用户输入的小时、分钟、秒钟三个数字与代码中的 h、mi、s 这三个变量相联系,将三个数字整体换算成秒数就用到了 dd＝h * 3600＋mi * 60＋s 这个语句。然后再将整体的秒数时间换算回小时、分钟、秒钟显示在设定时间的标签后面。

```
private void pastTime(){
long dd = h * 3600 + mi * 60 + s;
long dis = dd;
int h = (int) (dis/3600);
int min = (int) (dis % 3600/60);
int sec = (int) (dis % 60);
String s = intToString(h) + " 小时 " + intToString(min) + " 分 " + intToString(sec) + " 秒";
pastTime.setText("设定时间:" + s);
```

② 线程计算代码实现

将 h、mi、s 的总数计算公式填入线程中,将时间延迟定为 1 000 ms 即为 1 s。将总体的时间秒数每次减 1,作为一个循环。

```
try { Thread.sleep(1000);
totalSeconds -= 1;
} catch (InterruptedException e) {
e.printStackTrace();}
```

设计一个判断语句,即为当总体时间循环减 1 后,总体时间"totalSeconds〈＝0"时,将启动一个对话框,内容为提醒用户设定的时间已到。此次的倒计时任务完成。
```
pastTime();
```

```
if(totalSeconds<=0){
ok.setText("重新开始");
JOptionPane.showMessageDialog(Calculagraph.this,"时间到");
break;
```

对话框是本次设计的必要两点。它凸显了倒计时器的提醒作用。出现对话框后，用户单击"确定"按钮，完成这次任务，并返回倒计时的设置界面，用户可重新设置倒计时时间。效果如图13-7所示。

图13-7 倒计时器的提醒对话框显示效果图

13.4.3 电子相册模块实现

(1) 电子相册界面设计

界面的设计分为两项。

① 按钮的位置

由于电子相册需要有显示的界面框，所以将所有的按钮统一到一个JPanel的容器中，将容器放在整个窗体的SOUTH区域内，也就是窗体的最下面。

```
this.add(p_button,BorderLayout.SOUTH);
```

② 界面显示

在界面上显示用户之前所选择的图片，所有选中的图片都在files的数组中。在获取图片的时候，会将图片进行定向性压缩，压缩的范围是(420,380)。

选择一个图像缩放算法，提出了优先缩放思想，比平滑缩放图像的速度更快。

```
public void setimage(int a){
ii = newImageIcon(files[a].toString());
ii.setImage(ii.getImage().getScaledInstance(420,380,Image.SCALE_FAST));
l_photo.setIcon(ii);
```

(2) 电子相册的核心功能实现

电子相册的亮点按钮为"自动"播放按钮，用户单击此按钮后，系统将进行定时的重复性显示图片的功能。说到定时性，就不得不提到Timer类了。

Timer类是一种线程设施，可以用来实现在某一个时间或某一段时间后安排某一个任务执行一次或定期重复执行。该功能要与TimerTask配合使用。TimerTask类用来实现由Timer安排的一次或重复执行的某一个任务。

```
public void auto(){
ActionListener taskPerformer = new ActionListener() {
public void actionPerformed(ActionEvent evt) {
jb_next.doClick();
```

```
t = new Timer(2000,taskPerformer);
t.start();
```

在动作事件监听中写入 Click 方法和 Timer 类,首先用户要触发"自动按钮",则在代码中就启动了 Click 方法,与按钮响应。接着用户所选择的图片会以每两秒为固定频率显示下一张图片。效果如图 13-8 所示。

图 13-8 电子相册界面效果图

13.4.4 日历模块实现

(1) 日历模块界面设计

① 年份的查找界面

将年和月放入一个 JPanel 的容器中,并且利用 BorderLayout 划分的五个区域中的 NORTH 区域进行位置安放。

在 yearMonth 的容器中,再次放入 year 的容器并将其安排在 WEST 西部的位置。

```
JPanel yearMonthPanel = new JPanel();
cPane.add(yearMonthPanel,BorderLayout.NORTH);
yearMonthPanel.setLayout(new BorderLayout());
yearMonthPanel.add(new JPanel(),BorderLayout.CENTER);
JPanel yearPanel = new JPanel();
yearMonthPanel.add(yearPanel,BorderLayout.WEST);
yearPanel.setLayout(new BorderLayout());
yearPanel.add(yearsLabel,BorderLayout.WEST);
yearPanel.add(yearsSpinner,BorderLayout.CENTER);
```

将 year 的标签放在 year 容器的 WEST 位置上,并将 Spinner 组件放在了 year 容器的中部位置上。此处的 Spinner 组件是用来显示年份的,而上下的两个箭头是用来增加和减少年份的,这就是年份的查找功能的界面。

② 月份的查找界面

将 monthPanel 的容器加入到 yearMonthPanel 的容器中,并将月份的容器安排到 EAST 东部的位置上。

将月份的标签的位置安排在 monthPanel 容器的 WEST 西部的位置上。

选择月份的界面选用了 JComboBox 的下拉列表框,将下拉列表框里罗列的了 12 个数字从 1～12,表示 1～12 个月份,以便用户查询需要的月份。

```
JPanel monthPanel = new JPanel();
yearMonthPanel.add(monthPanel,BorderLayout.EAST);
monthPanel.setLayout(new BorderLayout());
monthPanel.add(monthsLabel,BorderLayout.WEST);monthPanel.add(monthsComboBox,BorderLayout.CENTER);
```

日历模块界面效果如图 13-9 所示。

图 13-9　日历界面效果图

(2) 日历模块核心功能实现

Calendar 的中文翻译就是日历。Calendar 在 Java 中是一个抽象类,通过 get 取得年份、月份和日期。并且用三目判断方法确定每月的天数,以确保日期的准确性。

```
public void actionPerformed(ActionEvent actionEvent){
int day = calendar.get(Calendar.DAY_OF_MONTH);
calendar.set(Calendar.DAY_OF_MONTH,1);
calendar.set(Calendar.MONTH,monthsComboBox.getSelectedIndex());
int maxDay = calendar.getActualMaximum(Calendar.DAY_OF_MONTH);
calendar.set(Calendar.DAY_OF_MONTH,day > maxDay ? maxDay : day);
updateView();}
```

13.4.5　时钟模块实现

(1) 时钟模块界面设计

如果使用 Graphics g.fillOval(int,int,int,int)的话,这里只简单支持 int 类型的数据,会忽略掉小数部分。所以用 Graphics2D 来绘画。

Graphics2D 类扩张了 Graphics 类,提供了对几何形状、坐标转换、颜色管理和文本布局更为复杂的控制。

```
public void paintComponent(Graphics comp){
Graphics2D comp2D = (Graphics2D)comp;
Comp2D.drawOval(x,y,w,h);
```

这是用 Graphics 2D 画圆必用的语句,只要使 w＝h 即可画圆。
```
g2D.setStroke(new BasicStroke(4.0f));
g.drawOval(L+40,T+40,h-80,h-80);
r = h/2 - 40;
x0 = 40 + r - 13 + L;
y0 = 40 + r - 13 - T;
ang = 60;
```

(2) 时钟模块的核心功能实现

绘图中的时、分、秒针位置与实际时间相对应的代码如下所示。

```
//计算时间与度数的关系
ss = 90 - nows * 6;
mm = 90 - nowm * 6;
hh = 90 - nowh * 30 - nowm/2;
x0 = r + 40 + L;
y0 = r + 40 + T;
g2D.setStroke(new BasicStroke(1.2f));
```

时钟模块效果如图 13-10 所示。

图 13-10　时钟模块效果图

13.4.6　计算器模块实现

(1) 计算器模块界面设计

其是在窗体上加入菜单栏,并在菜单栏中加入 JMenu 组件。此计算器加入了两个 JMenu 的组件,分别为编辑和帮助菜单。

```
f.setMenuBar(mBar);
```

将结果显示文本框设定在了文本框的右侧,显示的初始值为"0."并且初始结果的文本框是不可编辑状态。

```
tResult = new JTextField("0.",26);
tResult.setHorizontalAlignment(JTextField.RIGHT);
tResult.setEditable(false);
```

计算器模块效果如图 13-11 所示。

(2) 计算器模块核心功能实现

这是数字键盘的位置、颜色、命名等设计代码。

运算符键的设定代码与数字键盘的相近,就不一一罗列了。

图 13-11　计算器界面效果图

```
JPanel pDown = new JPanel();
pDown.setLayout(new GridLayout(4,13,3,2));
bNumber = new JButton("7 ");
bNumber.setForeground(Color.blue);
bNumber.addActionListener(this);
```

```
bNumber.setMargin(new Insets(3,3,3,3));
pDown.add(bNumber);
```

13.4.7 通讯录模块实现

(1) 通讯录模块界面设计

在通讯录模块中添加姓名、性别、电话这三个标签,并相应地设置三个文本框,用来添加联系人的相应信息。

```
nameLab.setText("姓名:");
genderLab.setText("性别:");
phoneLab.setText("电话:");
```

通讯录模块效果如图 13-12 和图 13-13 所示。

图 13-12　填写栏的效果图

图 13-13　通讯录界面效果图

(2) 通讯录模块核心功能实现

将用户的信息分别输入到对应的姓名文本框和电话文本框中,在单击"增加"按钮后插入到数据库中保存,在通讯录面板上显示出添加的联系人的信息。并且当超过了界面的显示范围后,系统会自动显示为滚动面板,以方便用户查找联系人的信息。

```
addBtn.setText("增加");
addBtn.addActionListener(new java.awt.event.ActionListener() {
    public void actionPerformed(java.awt.event.ActionEvent evt) {
        addBtnClicked(evt);}});
```

这是其中的"增加"按钮事件监听,本软件有多个按钮:增加、删除、修改、查找、刷新。每一个的代码写法类似,不做整体的代码显示了。

在界面中显示的联系人信息会按照用户添加的顺序进行排序。姓名输入中文和英文均可,电话号码要求为13位数字。若添加的联系人数量超过面板显示范围,则自动增加滑轮面板,方便用户查看信息。

在核心代码中加入按钮与数据库相连接的语句,已达到用户单击相应操作按钮与在数据库中存储的联系人信息数据的一致性和准确性。

此代码为删除按钮与数据库的连接代码:

```
public void delete(String sql){//增删改
try{
//stm.execute(sql);
stm.executeUpdate(sql);
System.out.println("操作成功");}
```

此代码为增加按钮与数据库的连接代码:

```
public void insert(String sql){//增删改
try{
//stm.execute(sql);
stm.executeUpdate(sql);
System.out.println("操作成功");}
```

此代码为刷新按钮与数据库连接的代码:

```
public void update(String sql){//增删改
try{
//stm.execute(sql);
stm.executeUpdate(sql);
System.out.println("操作成功");}
```

13.5 程序的打包与发布

首先,将编译好的程序打包为 JAR 文件,然后做出 exe,这样代码就不可见了;但是 exe 文件在没有安装 JRE 的计算机上不能运行,如果要求用户去安装 JRE 设置环境变量就复杂了,所以需要将 JRE 打包。

打包的方法有很多,本次打包的过程需要几个工具,可以帮助我们顺利发布用 Java 开发的桌面办公助手软件。

(1) 下载插件 fatjar,此插件专门为 Eclipse 使用。将下载好的插件添加到 Eclipse 安装目录的 plugins 的文件中。打开 Eclipse 软件,选择软件的项目文件,右键单击 Export,在 thoer 里选中"Fat Jar Exporter",即可将 JRE 文件打包。

(2) 将 JAR 文件转换成 exe 文件使用的工具为 exe4j。由于 JAR 文件是一个解压缩文件,一解压里面的内容都会看到,也容易混淆。所以打包成 exe 是一种非常好的方法。在此软件中,可以添加需要转换成 exe 的程序,也可以添加等待的画面和话语。

打开 exe4j 软件后,选择"JAR in EXE"mode 选项。

设置我的应用程序的名称和将要生成的可执行文件的输出文件夹。

在软件中填写 exe 应用程序的名称和应用软件的 Icon 图标路径，如图 13-14 所示。

图 13-14　应用软件的命名和图标设置

在 Class Path 中找到 JAR 的文件，如图 13-15 所示。

图 13-15　设置 JAR 文件路径

选中 Main class 中的界面 Java 文档，如图 13-16 所示。

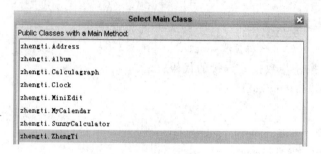

图 13-16　选择界面 Java 文档

启动 Show splash screen 在 Image file 中选择启动的画面，如图 13-17 所示。

图 13-17　设置软件启动画面

在启动画面中输入等待的文字说明，如图 13-18 所示。

图 13-18　设置启动文字说明

将 JAR 打包文件转换为 exe 文件，如图 13-19 所示。

桌面办公助手软件.exe

图 13-19　exe 应用程序软件最终效果图

13.6　本章小结

本章通过介绍桌面办公助手软件的开发过程，旨在引入 Java 数据库编程，在通讯录模块中运用了 MySQL 数据库，并用 JDBC 技术进行数据库连接与操作。本章还运用了 GUI 编程，较上一章案例更为复杂。

思 考 题

如何升级桌面办公助手软件首界面，使其整合各模块效果并且界面美观？

第14章 在线聊天工具设计与实现

在线聊天工具是一款即时通信工具,通过在线的通信方式,为网络用户提供一个实时交流聊天的平台。本章所开发的聊天工具包含常用的用户管理功能,例如用户注册、用户登录;好友管理功能,例如查询好友、添加好友、删除好友、修改昵称、好友分组;聊天管理功能,例如私聊、群聊、聊天内容编辑、聊天记录查询、截图编辑,可传送多种格式文件,比如常用的图片格式文件、压缩文件、Word、Excel 等。

14.1 关键技术解析

本系统基于 MyEclipse 内置的 Swing 插件完成一款 C/S 模式的在线聊天工具的设计与实现。运用基于传输控制协议(TCP)的流套接字(SOCK_STREAM)技术完成信息在客户端与服务器之间的传输。运用 MySQL 数据库来存储用户的相关数据。

14.1.1 GUI 编程

Swing 是一个用于开发 Java 应用程序用户界面的开发工具包。它以抽象窗口工具包(AWT)为基础使跨平台应用程序可以使用任何可插拔的外观风格。Swing 开发人员只用很少的代码就可以利用 Swing 丰富、灵活的功能和模块化组件来创建优雅的用户界面。

14.1.2 网络编程

(1) TCP

TCP(Transmission Control Protocol)是一种面向连接(连接导向)的、可靠的、基于字节流的运输层通信协议,由 IETF 的 RFC 7914 说明。即在传输数据前要先建立逻辑连接,然后在传输数据最后释放连接 14 个过程。TCP 提供端到端、全双工通信;采用字节流方式,如果字节流太长,将其分段;提供紧急数据传送功能。

在简化的计算机网络 OS 模型(应用层、表示层、会话层、传输层、网络层、数据链路层、物理层)中,它是第四层传输层所指定的功能,UDP 是同一层内另一个重要的传输协议。尽管 TCP 和 UDP 都使用相同的网络层(IP),TCP 却向应用层提供与 UDP 完全不同的服务。

(2) 流套接字(SOCK_STREAM)

套接字是支持 TCP/IP 的网络通信的基本操作单元,可以看作是不同主机之间的进程进行双向通信的端点,简单地说就是通信的两方的一种约定。常用的 TCP/IP 有三种套接字类型:流套接字(SOCK_STREAM)、数据报套接字(SOCK_DGRAM)、原始套接字(SOCK_RAW)。

流套接字用于提供面向连接、可靠的数据传输服务。该服务将保证数据能够实现无差错、无重复发送,并按顺序接收。流套接字之所以能够实现可靠的数据服务,原因在于其使用了传输控制协议,即 TCP。

(3) C/S 工作模式

C/S 即客户机/服务器,在此工作模式中,需要定义一套通信协议,客户机和服务器都要遵循这套协议来实现一定的数据交换。在数据交互过程中,指令由一台计算机传送到另一台计算机,处于监听状态的机器一旦监听到该指令,则根据指令做出必要的反应。下面是客户机/服务器的一个典型的运作过程。

① 服务器监听相应端口的输入。
② 客户机发送一个请求。
③ 服务器接收到该请求。
④ 服务器处理该请求。
⑤ 服务器返回处理请求结果到客户机。
⑥ 服务器监听相应端口的输入。

14.2 系统功能分析

整个在线聊天工具分成三大部分:用户管理、好友管理、聊天管理。聊天管理部分是整个系统的核心,其他两部分是围绕此部分展开的。该系统功能如图 14-1 所示。

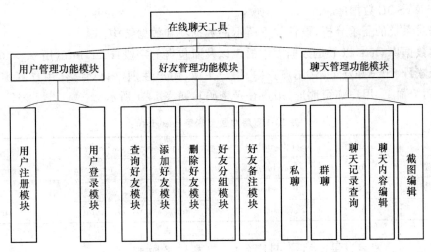

图 14-1 在线聊天工具功能图

14.2.1 用户管理功能

用户管理部分包括用户注册、用户登录两大功能。

新用户通过填写具体的注册资料,注册一个属于自己的账号。已注册用户通过输入相应的账号和密码登录聊天工具。

14.2.2 好友管理功能

好友管理部分包括查询好友、添加好友、删除好友、修改昵称、好友分组五大功能。

已登录的用户通过用户已注册账号查到对应用户,并添加其为好友,添加好友昵称。用户可以对自己的好友进行分组,编辑分组名称。用户可以删除自己的好友。

14.2.3 聊天管理功能

聊天管理部分包括私聊、群聊、聊天内容编辑、聊天记录查询、截图编辑,可传送多种格式文件比如常用的图片格式文件、压缩文件、Word、Excel 等。

用户可以和自己的好友私聊或群聊;可以对聊天内容进行编辑,包括聊天内容文字的大小、颜色、字体、格式等做相应修改;可以向好友发送图片、多种格式的文件;并且可以进行界面截图。

14.3 数据库设计与连接

14.3.1 数据库表设计

在线聊天工具属于应用程序,需要对数据的处理,比如聊天信息要即时反馈给对方,故对数据的即时更新要求较高,保证数据的真实性。该系统在任何操作系统下都可以运行,但必须装有 MySQL 数据库。

根据对系统的需求分析,设计如下所示的数据项和数据结构。

新建数据库 chat,以下是数据库中的表以及所包含的字段:user_info(用户表)(用户 id、用户登录账号、用户好友策略、用户昵称、用户头像、用户性别、用户年龄、用户真实姓名、用户星座、用户血型、用户邮箱地址、用户登录密码),如表 14-1 所示。

表 14-1 用户数据库表 user_info

数据字段	user_id	user_loginPwd	user_friendshipPolicy	user_nickName	user_sex
数据类型	int	varchar	int	varchar	varchar
数据字段	user_Number	user_email	user_bloodType	user_star	user_age
数据类型	int	varchar	int	int	int

star_type(星座表)(星座编号、星座名称)如表 14-2 所示。

表 14-2 星座数据库表 star_type

数据字段	startype_id	startype_name
数据类型	int	varchar

message_type(信息类型表)(信息类型编号、信息类型)如表 14-3 所示。

表 14-3 信息类型数据库表 message_type

数据字段	messagetype_id	messagetype_name
数据类型	int	varchar

messages(聊天信息表)(聊天信息表记录编号、发送信息者账号、收到信息者账号、发送信息、信息类型编号、信息状态、发送时间)如表 14-4 所示。

表 14-4 聊天信息数据库表 messages

数据字段	message_id	message_fromUserId	message_toUserId	message_message
数据类型	int	int	int	varchar
数据字段	message_state	message_time	message_type	
数据类型	int	varchar	int	

friendshipPolicy(好友策略表)(加好友的方式编号、加好友的方式设置)如表 14-5 所示。

表 14-5 好友策略数据库表 friendshipPolicy

数据字段	friendshippolicy_id	friendshippolicy_name
数据类型	int	varchar

Friends(好友表)(表添加记录、发送者的 ID、好友的 ID、好友的备注名称)如表 14-6 所示。

表 14-6 好友数据库表 Friends

数据字段	friends_id	friends_hostId	friends_friendId
数据类型	int	int	int
数据字段	friends_friendtypeId	friends_friendnikename	
数据类型	int	varchar	

Blood_type(血型表)(血型编号、血型)如表 14-7 所示。

表 14-7 血型数据库表 Blood_type

数据字段	bloodtype_id	bloodtype_name
数据类型	int	varchar

Friendtype(好友类型表)(好友类型编号、好友类型)如表 14-8 所示。

表 14-8 好友类型数据库表 Friendtype

数据字段	friendtype_id	friendtype_name
数据类型	int	varchar

在上述的每张表中,第一个数据都作为自己所在表的主键,而在表与表之间也有主外键关系存在,对用户表和星座表来说,星座表是主键表,用户表是外键表;对用户表和血型表来说,血型表是主键表,用户表是外键表;对用户表和好友策略表来说,好友策略表是主键表,用户表是外键表;对聊天信息表和信息类型表来说,信息类型表是主键表,聊天信息表是外键表。对用户表和好友类型表来说,好友类型表是主键表,用户表是外键表。

14.3.2 数据库连接

在线聊天工具采用 Hibernate 框架连接数据库。Hibernate 是一个开放源代码的对象关系映射框架,它对 JDBC 进行了非常轻量级的对象封装,可以随心所欲地使用对象编程思维来操纵数据库。

(1) 配置数据库驱动(DB Driver)

打开 DB Browser 视图,新建 Database Connection Driver,填写对应的配置信息,导入 MySQL 数据库连接驱动。连接本地 MySQL 数据库,如图 14-2 所示。

图 14-2 在线聊天工具配置数据库驱动图

(2) 导入 Hibernate 框架

选中 MyChatToolpro(在线聊天工具工程),单击菜单栏菜单 "MyEclipse"/ "project capabilities"/ "add Hibernate Capabilities",进行相关操作,连接已建好的 DB Driver,如图 14-3 所示。

(3) 生成实体类

每一个实体类都是数据库 chat 中的数据表,各个实体类中的属性都是相应数据表中的字段。运用各个属性的 get 与 set 方法获得和修改相应的属性值。

双击新建的 DB Driver chatDB,与本地数据库连接,如图 14-3 所示。

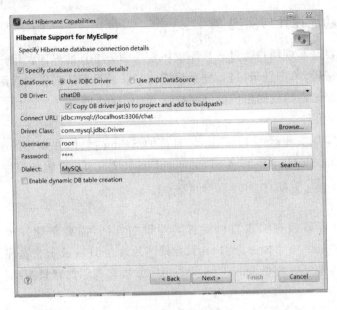

图 14-3　在线聊天工具导入 Hibernate 框架图

选择所有 chat 数据库中的数据表并右击,选择 Hibrenate Reverse Engineering 菜单,在 MyChatToolpro 工程中生成所有表的实体类与相应的数据映射,如图 14-4 所示。

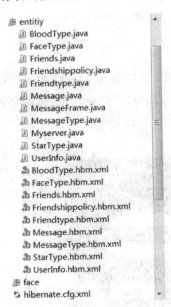

图 14-4　在线聊天工具实体类生成图

14.4　各模块功能设计与实现

14.4.1　登录功能设计与实现

登录界面主要是实现用户通过数据库成功登录聊天工具的界面。用户需输入正确的登录账号与相应的密码，单击登录按钮，登录系统。在登录界面还需提供新用户的注册页面的链接按钮与用户忘记密码找回密码的链接按钮，如图 14-5 所示。

（1）登录界面设计

登录界面的实现主要运用 MyEclipse 自带的 Swing 插件，在新建的 JFrame 窗口中拖入所需的控件：JTextField、JButton、JPasswordField、JLabel。设置各控件的属性：颜色、字体、大小、填充内容等，并为 JFrame 设置背景。

① 界面背景

由于 JFrame 容器没有提供直接设置其背景的方法，需要新建一个 BgPanel 类继承 JPanel，通过在 JFrame 中添加一个 JPanel，背景图片放在 JPanel 上来实现。

在 BgPanel 类中通过方法 paintComponent() 方法实现添加背景图片。

```
public void paintComponent(Graphics g){
//在 panel 中的(0,0)坐标位置绘制长宽分别为 width、height 的 image 图像
if(image! = null){
    int width = this.getWidth();
    int height = this.getHeight();
    g.drawImage(image,0,0,width,height,this);
  }
```

② 鼠标响应事件

登录界面中，为了使人机交互性更加友好化，为注册账号与忘记密码两个链接增加了鼠标响应事件，当鼠标焦点经过或者离开链接时，链接的字体和颜色都会有所变化，从而提醒用户并且增加了界面的美观性，如图 14-6 所示。

图 14-5　在线聊天工具登录图

图 14-6　登录界面鼠标响应效果图

```java
private void jLabel14MouseExited(java.awt.event.MouseEvent evt){
    jLabel14.setFont(new java.awt.Font("微软雅黑",0,14));
    jLabel14.setForeground(new java.awt.Color(102,255,51));}
    private void jLabel14MouseEntered(java.awt.event.MouseEvent evt){
    jLabel14.setForeground(new java.awt.Color(255,204,204));
```

(2) 登录功能实现

登录界面的功能主要包括确认用户输入的登录账号和登录密码是否正确,并给出相应的提示。

① 验证登录账号与登录密码

对用户输入的登录账号和登录密码是否符合用户注册账号时的规定进行验证。判断登录账号是否为空、是否为数字、是否是已注册账号。判断登录密码是否为空、是否为已输入登录账号对应的密码。

运用正则表达式判断登录账号是否为数字,若不是,给出相应提示。一个正则表达式也就是一串有特定意义的字符,必须首先要编译成为一个 Pattern 类的实例,这个 Pattern 对象将会使用 matcher() 方法来生成一个 Matcher 实例,接着便可以使用该 Matcher 实例以编译的正则表达式为基础对目标字符串进行匹配工作,多个 Mathcher 是可以共用一个 Pattern 对象的。

```java
Pattern pattern = Pattern.compile("[0-9]*");
Matcher isNum = pattern.matcher(qqnumber);
if (! isNum.matches() || (qqnumber.equals(""))) {
jLabel6.setText("请输入有效的登录账号!");
jTextField1.setText("");
jPasswordField1.setText("");
    return false;
```

通过数据库验证登录账号和登录密码是否匹配,并给出相应提示。新建一个类 CommonDao,实现通用的对象的增加、删除、修改、查找方法。

通过,Configuration、SessionFactory、Session、Transaction 实现对数据库配置信息的装载,连接 Hibernate 自动生成的 SQL 语句和一些其他映射文件的缓冲区,打开连接并对事务的提交与回滚。

```java
public List find(DetachedCriteria dc){
    List list = null;
    Session s = null;
    try {
        //装载数据库配置
        Configuration config = new Configuration().configure();
        //创建会话工厂(相当于连接工厂)
        SessionFactory sf = config.buildSessionFactory();
        //打开会话(相当于打开连接)
        s = sf.openSession();
        //查询
        list = dc.getExecutableCriteria(s).list();
```

HQL(Hibernate Query Language)查询提供了更加丰富和灵活的查询特性,因此 Hibernate 将 HQL 查询方式立为官方推荐的标准查询方式。HQL 查询在涵盖 Criteria 查询的所有功能的前提下,提供了类似标准 SQL 语句的查询方式,同时也提供了更加面向对象的封装。

新建类 UserInfoBiz,通过调用 CommonDao 中的 find()方法传入 HQL 语句查找用户输入的登录账号是否已经注册,返回对应的用户信息列表,给出用户相应的提示,如图 14-7 所示。

```
public List findAllUsernumber(Integer qqnumber){
return dao.find("from UserInfo where userLogNumber = " + qqnumber + "");}
userInfoBiz = new UserInfoBiz();
    List listnumber = userInfoBiz.findAllUsernumber(qqnumbern);
        if (!(listnumber ! = null && listnumber.size() > 0)){
            jLabel6.setText("登录账号不存在!");
}
```

同理,通过传入用户所输入的登录账号与登录密码,通过连接数据库判断密码是否正确,给出用户相应的提示,如图 14-8 所示。

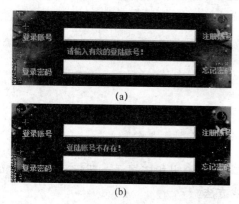

图 14-7 登录界面登录账号验证图

图 14-8 登录界面登录密码验证图

```
public List findUser(Integer qqnumber,String qqpwd){
return dao.find("from UserInfo where userLogNumber = " + qqnumber + " and
userLoginPwd = '" + qqpwd + "'");}
listuser = userInfoBiz.findUser(qqnumbern,qqpwd);
    if (listuser ! = null && listuser.size() > 0) {
        return true;
    } else {jLabel7.setText("登录密码错误!");
        jPasswordField1.setText("");}
```

② 登录线程

在线聊天工具必然涉及多人同时登录与访问,为了实现一个服务器可以不断响应和处理多个客户端的请求,必须把实现登录以及相关的功能放在一个线程中。

新建类 LoginThread 类继承 Thread 线程类,实现上述功能。

```
public void run() {
    Loginface lognface = new Loginface();
    lognface.show();}
```

14.4.2 用户注册功能设计与实现

用户注册界面是提供新用户注册聊天账号功能的界面,此界面中需要用户填写自己的个人资料,有必填资料与选填资料,成功注册后,系统会自动给出用户一个登录账号,用户可用此账号和自己设置的密码登录聊天工具,如图14-9所示。

(1) 用户注册界面设计

此界面不同于登录界面的布局,注册基本资料与注册选填资料两个模块分别在两个不同的 JLayerpane 中,便于管理与访问。加入下拉列表 JComboBox 与单选按钮 JRaidoButton 显示星座与血型信息。

(2) 用户注册功能实现

① 验证各填写信息是否符合规定,并给出相应提示,如图14-10所示。

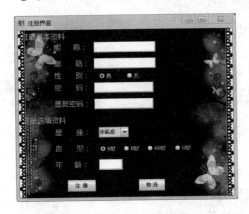

图 14-9 在线聊天工具注册界面

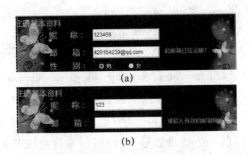

图 14-10 注册界面邮箱验证图

邮箱验证:依据给出的正则表达式验证邮箱格式是否合法,并且从数据库提取所有已注册邮箱信息判断此邮箱是否已经被注册。

```
final String patternemail = "\\b(-[_A-Za-z0-9-]+(\\.[_A-Za-z0-9-]+)*@([A-Za-z0-9-]+
(错误!超链接引用无效。
(\\.[A-Za-z0-9]{2,}\\.[A-Za-z0-9]{2,}))MYM)\\b";
final Pattern pattern1 = Pattern.compile(patternemail);
final Matcher matemail = pattern1.matcher(emailstr);
if (! matemail.find()) {
    userEmial.setText("");
    emailjLabel.setText("请输入有效的邮箱地址!");
    tagemail = false;
}
else{
    List list = userInfoBiz.findUseremail(userEmial.getText());
```

```
            if(list! = null&&list.size()>0){
                emailjLabel.setText("此邮箱已经注册！");
                tagemail = false;
```

② 从数据库动态提取血型与星座信息

下拉列表与单选按钮所提取的星座与血型数据都应从数据库动态提取，方便日后系统的更新与管理，如图 14-11 所示。

在类 UserInfoBiz 中提供获得所有血型与星座实体类信息的方法，返回相应的数据列表。把返回的数据通过循环一一显示到已创建好的对应的下拉列表与单选按钮的内容填充框中。

```
    return dao.find("from StarType");
    return dao.find("from BloodType");
public void getstartype() {
    userInfoBiz = new UserInfoBiz();
    List<StarType> list = userInfoBiz.findAllStar();
    startype = new String[12];
    int i = 0;
    for (StarType o : list) {
        startype[i] = o.getStartypeName();
        i++;
    }
    userStar.setModel(new javax.swing.DefaultComboBoxModel(startype));
```

③ 成功注册后，系统自动生成登录账号

用户正确填写注册信息后，系统把用户信息添加到 user_info 数据表中，并自动给该用户提供一个登录账号，用户可根据这个账号和注册时填写的密码登录聊天工具。

类 UserInfoBiz 中提供用户注册的方法，该方法传入的参数是用户对象，在传入前，先获取用户所填的信息，设置该用户对象的各个属性，再把该对象传入。

```
    public boolean reg(UserInfo user){
        dao.save(user);
        return true;
    }
```

成功注册后，系统通过代码 int num1＝(int)(Math.random() * 999999999);自动生成 9 为数字，作为该用户的登录账号给出，如图 14-12 所示。

图 14-11　注册界面信息提取图

图 14-12　在线聊天工具注册成功图

14.4.3 好友列表功能设计与实现

用户通过登录界面成功登录聊天工具后,会出现该用户的好友界面,有用户的基本资料与用户的好友列表。

1. 好友列表界面实现

好友列表界面主要是由 JButton、JTree 等组件组成,如图 14-13 所示。

(1) 自定义 JTree(好友列表)

好友列表是由一个 JTree 组件来显示的,其提供了用树形结构分层显示数据的视图,可以扩展和收缩视图中的单个子树。JTree 上每一个节点就代表一个 TreeNode 对象,TreeNode 本身是一个接口,里面定义了有关节点的方法。

用户的每一种好友类型定义为一个叶节点,相应好友类型下的好友定义为此叶节点下的子节点,从而实现用户好友的分组功能。为了使界面更加友好化,需重写 DefaultTreeCellRenderer 中的 getTreeCellRendererComponent()方法,实现改变默认的节点图标。先新建类 NodeIcon 继承 DefaultMutableTreeNode,提供获取与设置属性节点图标 icon 与节点名称 txt 的方法。然后在 getTreeCellRendererComponent() 方法中实现设置自定义节点图标的功能。

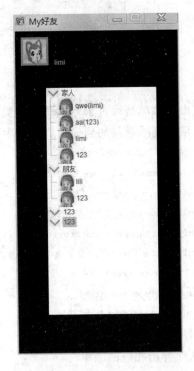

图 14-13　在线聊天工具好友界面图

```
public    Component getTreeCellRendererComponent(JTree tree,Object value,boolean selected,boolean expanded,boolean leaf,int row,boolean hasFocus){
    super.getTreeCellRendererComponent(tree,value,selected,
    expanded,leaf,row,hasFocus);
        if (value instanceof NodeIcon){
            Icon icon = ((NodeIcon)value).getIcon();
            String txt = ((NodeIcon)value).getTxt();
            setIcon(icon);
            setText(txt);
    }
```

(2) 弹出式菜单

在实际的应用中经常会遇到弹出式菜单,就是指右键菜单,把使用频率比较高的一些菜单放入其中,从而能够方便用户快捷地操作软件。

在线聊天工具通过右击好友列表中的好友分组节点可以弹出删除好友分组、添加好友分组、修改好友分组名称、添加好友四个菜单项的菜单,通过右击好友节点可以弹出编辑好友备注名称、删除好友两个菜单项的菜单,从而实现对好友分组的添加、删除、修改以及对好友的添加、删除、修改功能,如图 14-14 所示。

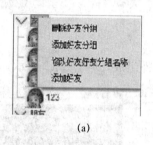 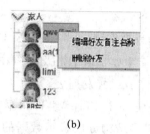

(a)　　　　　　　　　　　(b)

图 14-14　好友界面弹出菜单图

弹出式菜单是通过 JPopupMenu 类实现的。先创建一个固定的常规菜单组件,然后将一些常用的菜单项添加到弹出式菜单中。

```
popupMenu1 = new PopupMenu();
MenuItem menuItem1 = new MenuItem();
MenuItem menuItem2 = new MenuItem();
MenuItem menuItem14 = new MenuItem();
MenuItem menuItem4 = new MenuItem();
menuItem1.setLabel("编辑好友备注名称");
menuItem14.setLabel("删除好友");
popupMenu1.add(menuItem1);
popupMenu1.add(menuItem14);
```

在好友列表中添加一个鼠标右键事件处理代码,判断鼠标单击的位置是子节点还是根节点,从而弹出相应的菜单。

```
if((e.getModifiers() & MouseEvent.BUTTON14_MASK)! = 0){
    if (path.getParentPath()! = null) {
    if(selectNode.isLeaf()&&selectNode.getParent()! = root){
    popupMenu1.show(tree,e.getX(),e.getY());
        }else if(selectNode.getParent() = = root){
        popupMenufriedtype.show(tree,e.getX(),e.getY());}
}}}
```

2. 好友列表功能实现

(1) 提取登录用户基本资料

通过 UseInfoBiz 类中方法传入登录用户账号和密码参数,获取登录用户对象。运用 get 方法获取用户相应的信息,并显示在好友列表界面上方。

```
public Integer findUserId(){
    qqpwd = jPasswordField1.getText();
    logid = 0;
    userInfoBiz = new UserInfoBiz();
```

```
            hostuser = new UserInfo();
    List<Integer> list = userInfoBiz.findUserId(Integer.parseInt(jTextField1.getText()),qqpwd);
        for(Integer userid:list){
            logid = userid;
            hostuser = userInfoBiz.findUser(logid);    }
        return logid;}
```

(2) 提取用户好友

通过 UserInfoBiz 类中的 findAllFriendType(Integer hostId)方法从数据库中提取该用户的所有好友类型,运用循环依次取出得到的好友类型对象并作为树节点显示到好友列表中。在循环内部,再通过 UserInfoBiz 类中的 findAllFriend(Integer hostId,Integer friendtypeId)方法取出对应好友类型下的所有好友对象。

```
    public List findAllFriendType(Integer hostId){
    return dao.find("select distinct ft from Friends as f,Friendtype
    as ft where f.friendtype.friendtypeId = ft.friendtypeId and f.friendsHostId = " + hostId + "");
```

为了便于后面的对每个节点的事件处理,依次把好友类型树节点和对应的好友对象节点分别存入两个 map 中。

```
    while (iteratorty.hasNext()) {
        Friendtype ft = iteratorty.next();
        nodet = new NodeIcon(ft.getFriendtypeName(),rootIcon);
        root.add(nodet);
        List<Friends> listf = userInfoBiz.findAllFriend(userid,ft.getFriendtypeId());
        Iterator<Friends> iterators = listf.iterator();
        while(iterators.hasNext()){
            Friends f = iterators.next();
            if(f.getFriendsFriendId()! = null){
                nodet.add(nodef);}
```

(3) 弹出菜单项功能实现

JTree 上的每一个节点就代表一个 TreeNode 对象,TreeNode 本身是一个接口。采用 Java 所提供的 DefaultMutableTreeMode 类,此类用于实现 MUtableTreeNode 接口,并提供许多实用的方法。MutableTreeNode 本身也是一个接口,并且继承了 TreeNode 接口,此类主要是定义一些节点的处理方式,如添加节点(insert())、删除节点(remove())、设置节点(setUserObject())等。

当树的结构有任何改变时,例如节点值改变了、新增节点、删除节点等,都会触发 TreeModeEvent 事件。当选择任何一个节点时,都会触发 TreeSelectionEvent 事件。用户增加、删除好友分组以及好友时,都会触发此事件,界面节点显示随用户操作的变化主要是由此事件处理完成的。

① 添加好友分组

为菜单项添加好友分组添加鼠标响应事件。当用户单击菜单项添加好友分组后,系统弹出一个输入对话框,用户输入好友分组组名,通过数据库判断此好友分组类型不存在后,好友列表自动添加对应好友类型树节点。并且添加好友类型至当前登录用户的好友类型数据中。

```
userInfoBiz.regfrindtype(friendnewType);
userInfoBiz.regfrinds(friendnew);
nodet = new NodeIcon(ftypename,rootIcon);
nodet.setAllowsChildren(true);
treeModel.insertNodeInto(nodet,root,root.getChildCount());
mapfriendtype.put( nodet,fta.getFriendtypeId());
```

② 删除好友分组

删除好友分组效果如图 14-15 所示。

图 14-15　删除好友提示图

为菜单项删除好友分组添加鼠标响应事件。当用户单击此菜单项后,系统弹出一个提示对话框,提示用户是否删除此好友分组。用户单击确定后,数据库删除此好友分组以及此分组下对应好友的数据信息,并且更新好友列表。

```
userInfoBiz.deleteUserft(friendtype);
treeModel.removeNodeFromParent(selectNode);
for(Integer friendid:listfriendid){
userInfoBiz.deleteUserfs(userInfoBiz.findFriends(friendid));
return;
```

③ 添加好友

添加好友是好友界面中主要的功能,用户可以通过已注册用户的登录账号查找此用户,从而加为自己的好友,如图 14-16 所示。

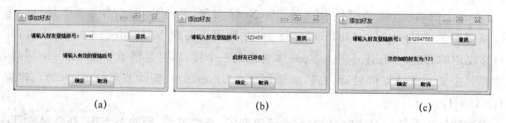

图 14-16　添加好友

用户单击添加好友菜单项后,系统弹出一个输入对话框,提示用户输入要添加的好友的账号,单击查询按钮,如果输入的账号没有注册,提示用户没有此好友,如果输入的账号已是用户的好友,提示用户已存在此好友,此外,提示用户要加的好友的名字。

用 if 条件语句与正则表达式判断用户是否输入符合规定的账号:

```
String qqnumber = textField1.getText();
```

```
Pattern pattern = Pattern.compile("[0-9]*");
Matcher isNum = pattern.matcher(qqnumber);
if (! isNum.matches() || (qqnumber.equals(""))){
    flag = false;
    label2.setText("请输入有效的登录账号");
```
依据数据库数据判断用户查找的账号的具体信息，并给出相应提示。
```
if(nid.equals(fid)){label2.setText("此好友已存在! ");}
else{
usernikenaem = user.getUserNickName();
userid = user.getUserId();
label2.setText("添您加的好友为:" + usernikenaem);}
```
当在 JTree 上点选任何一个节点时，都会触发 TreeSelectionEvent 事件，如果要处理该事件，必须实现 TreeSelectionListener 接口，此接口只定义了一个方法，即 valueChanged() 方法，该方法主要是节点发生变化后触发的事件。TreeSelectionEvent 最常用于处理显示节点的内容。

④ 删除好友

删除好友效果如图 14-17 所示。

用户通过此菜单项可以删除选中的好友。系统弹出提示对话框，提示用户是否要删除此好友，并更新数据库相应数据与好友列表。
```
if(flags = = 0){
    Friends f = (Friends) selectNode.getUserObject();
    userInfoBiz.deleteUserfs(f);
    TreeNode parent = (TreeNode)selectNode.getParent();
    if(parent! = null){
        treeModel.removeNodeFromParent(selectNode);}
```
⑤ 修改好友分组名称

修改好友分组效果如图 14-18 所示。

图 14-17　删除好友　　　　　图 14-18　修改好友分组名称

为菜单项修改好友分组名称添加鼠标响应事件。当用户单击此菜单项后，系统弹出一个输入对话框，返回用户输入的好友分组名称，更新所修改的好友名称，并更新数据库中的相应数据。
```
String fntypename = (String) JOptionPane.showInputDialog(tree
,"请输入好友分组名称:","修改好友分组名称",JOptionPane.INFORMATION_MESSAGE,new
ImageIcon("bule.gif"),null,null);
if(ftn.equals(selectnode.getTxt())){
Friendtype userfriend = (Friendtype) mapfriendtype.get(ftn);
userfriend.setFriendtypeName(fntypename);
userInfoBiz.updateUserfriend(userfriend);
    selectnode.setTxt(fntypename);
```

⑥ 编辑好友备注名称

编辑好友备注名称效果如图 14-19 所示。

用户可以给自己的好友添加备注名称,并显示在好友列表上。

图 14-19　编辑好友备注

```
Friends fs = (Friends) selectNode.getUserObject();
fs.setFriendsFriendnikename(fnikename);
userInfoBiz.updatefriend(fs);
}
```

14.4.4　聊天功能设计与实现

1. 聊天界面设计

聊天界面主要是由分割面板分为左右两大板块。左面的板块由聊天内容输入板块、聊天内容显示板块与工具栏板块构成,右面的板块由聊天好友形象与基本资料构成。

在聊天界面容器中加入一个分割面板,设置分割面板必要的属性,使其可以左右收缩,增加界面友好化。

```
Container c = f.getContentPane();
c.add(splitPane);//添加分割面板
splitPane.setDividerSize(2);//设置面板分隔线大小
splitPane.setResizeWeight(0.8);//定义面板竖向分割
splitPane.setOrientation(JSplitPane.VERTICAL_SPLIT);
```

在右面板中运用 BorderLayout 布局管理,在容器的北区域中加入 panel 面板,容器的南区域加入 panel_5 面板,分别作为聊天界面好友形象和好友基本资料的显示区域。

```
splitPane.setRightComponent(panel_2);
panel_2.setLayout(new BorderLayout());
panel_2.add(panel,BorderLayout.SOUTH);
panel_2.add(panel_5,BorderLayout.NORTH);
```

在左面板中加入两个滚动面板,位于容器的北、南区域,分别加入信息接收面板和信息发送面板。设置各面板的属性,信息接收面板不可编辑,允许用户鼠标拖曳滚动,信息发送面板可编辑。

```
splitPane.setLeftComponent(scrollPane);
scrollPane.setViewportView(getReceiveText());
panel_1.setLayout(new BorderLayout());
panel_1.add10(scrollPane_1);
scrollPane_1.setViewportView(getSendText());
```

在左面板信息发送面板与信息接收面板之间加入工具栏面板,用来存放设置文本字体、大小、样式、颜色,截图,发送文件等功能的工具按钮。

2. 聊天功能实现

(1) 截图功能

截图功能是方便用户截取屏幕任一大小、方位的功能。用户单点击此功能按钮后,可在屏幕上用鼠标框画所需截取的画面,屏幕上相应会出现一个红色的矩形框,用户双击矩形框中的任意区域,便可把截图保存到本地桌面上。

新建类 CutImage,创建其构造函数,实现新建实例后,可出现截屏特殊功能的 CameraFrame,并设置其一直位于屏幕最上方、可见、关闭等属性。

```
public CutImage(){
    cf = new CameraJFrame();
    cf.setAlwaysOnTop(true);
    cf.setDefaultCloseOperation(JFrame.DISPOSE_ON_CLOSE);
    cf.setUndecorated(true);
    cf.setVisible(true);
}
```

Java 专门开发了 java.awt.Robot 类,它用于模拟用户鼠标或键盘的动作,来完成一些演示或测试的工作。Robot 类中的 createScreenCapture()方法可以截取一个静态的图片。图片的坐标位置与大小由 paintComponent(Graphics g)方法完成。

```
bi = ro.createScreenCapture(
    new Rectangle(0,0,di.width,di.height);
public void paintComponent(Graphics g)  {
    g.drawImage(bi,0,0,di.width,di.height,this);
    g.setColor(Color.red);}
```

最后为其添加鼠标响应事件,当双击鼠标时获得截取到的图片,并设置默认文件名,且存放在本地桌面上。右击鼠标时退出截图功能。

```
if(e.getButton() = = MouseEvent.BUTTON14)    {cf.setVisible(false);}
else if(e.getClickCount() = = 2)    {
    File path = FileSystemView.getFileSystemView().getHomeDirectory();
    File f = new File(path + File.separator + name + "." + format);
    ImageIO.write(get,fileformat,f);}
```

(2) 设置文本字体、颜色、大小、样式功能

设置文本颜色效果如图 14-20 所示。设置文本字体效果如图 14-21 所示。

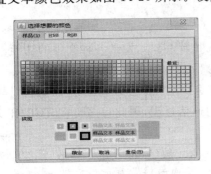

图 14-20　设置文本颜色

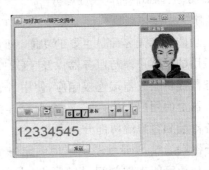

图 14-21　设置文本字体

文本的字体列表储存在一个下拉列表中,供用户选择。用户选择任一字体后,系统获取当前字体并更新文本字体。

新建类 FontAttrib，添加属性字体样式（常规、粗体、斜体、粗斜体、样式和字号等）。添加方法 setAttrSet(SimpleAttributeSet attrSet)，实现设置属性集，添加方法 getAttrSet()，实现返回属性集。

```
public SimpleAttributeSet getAttrSet() {
    attrSet = new SimpleAttributeSet();
    if (style = = FontAttrib.GENERAL) {
      StyleConstants.setBold(attrSet,false);
      StyleConstants.setItalic(attrSet,false);
    }
    StyleConstants.setFontSize(attrSet,size);
```

（3）发送文件功能

文件传送效果如图 14-22 所示。

图 14-22　文件传送

新建方法 openfile()，创建 JFileChooser 实例，单击传送文件后，系统弹出本地文件选取器，设置可以传送的文件，有图片、Word、Excel、txt 格式的文本。

```
JFileChooser fileChooser = new JFileChooser();
fileChooser.removeChoosableFileFilter(fileChooser.getChoosableFileFilters()[0]);
fileChooser.addChoosableFileFilter(new FileNameExtensionFilter("JPEG 图片文件"," jpg "," jpeg "));
fileChooser.showOpenDialog(f);
```

（4）聊天功能

聊天功能是聊天界面最主要的功能，可实现私聊、群聊、发送各种文件的功能。聊天功能主要运用的是客户端与服务器以及 TCP 中的 Socket 字节流来实现的。

服务器提供服务器端连接响应，使用者通过客户端程序登录到服务器，就可以与登录在同一服务器上的用户交谈，这是一个面向连接的通信过程，因此程序要在 TCP/IP 环境下，实现服务器端和客户端两部分程序。

服务器端通过 Socket 系统调用创建一个 Socket 数组（即设定了接收连接客户的最大数目）后，与指定的本地端口号绑定 bind，就可以在端口进行侦听了。如果客户端连接请求，则在数组中选择一个空 Socket，将客户端地址赋给这个 Socket，此时登录成功的客户就可以在服务器上聊天了。

① 在线聊天工具服务器类

创建用户线程类,每一用户一个线程。创建输入输出流,接收从客户端发送过来的消息,解析消息内容,转发给对应的其他客户端。

```
InputStream is = s.getInputStream();
InputStreamReader ir = new InputStreamReader(is,"GBK");
BufferedReader in = new BufferedReader(ir);
OutputStream os = s.getOutputStream();
OutputStreamWriter or = new OutputStreamWriter(os,"GBK");
out = new PrintWriter(or);
```

此处解析收到的消息内容,若消息为系统消息且包含 USER_LOGOUT 字符串,说明用户已退出系统,并删除集合中对应项。若消息为聊天消息包含 NAME_END 字符串,调用 send(String msg,String touser)方法,把聊天内容发送给对应的客户端。

```
// 根据发送目标的名字获得相应线程,调用目标线程的函数给目标发送信息
if (users.containsKey(touser)){
    System.out.println(touser);// 加判断,防止用户已经离线
    ((UserThread) users.get(touser)).sendUser(MSG_FROM + this.username + AME_END  + msg);}
```

给所有人发信息时,调用 sendAll(String msg)方法,获得所有在线用户列表,运用循环给所有对应线程客户端发送消息。

```
private void sendAll(String msg) {
    Set s = users.keySet();
    Iterator it = s.iterator();
    while (it.hasNext()) {
    UserThread t = (UserThread) users.get(it.next());
      if (t ! = this)
        t.sendUser(msg);}
```

主方法,启动服务器,等待客户端响应,开启主线程。获得端口号,无效时使用默认值,并返回相应信息。

```
try {
    ServerSocket ss = new ServerSocket(port);
    while(true){
        Socket s = ss.accept();
        Thread t = new UserThread(s);
```

② 客户端及登录线程

定义了客户端及其登录线程,主要作用是创建和启动登录线程。

```
public static void main(String[] args) throws Exception {
Thread login = new LoginThread();login.start();}
```

登录线程主要是实现客户端的登录,验证用户账号和密码是否可用,当符合登录要求后,才会启动聊天线程,与其他用户聊天。创建输出输入流,把登录用户的用户名传到服务器。

```
in = new BufferedReader(ir);
OutputStream os = s.getOutputStream();
OutputStreamWriter or = new OutputStreamWriter(os,"GBK");
```

```
out = new PrintWriter(or);
out.println(hostuser.getUserNickName());
out.flush();
```
开启聊天线程
```
FrindsTree tree = new FrindsTree(s,in,out,hostuser.getUserNickName(
tree.start();
```

③ 聊天线程

监听"发送"按钮。用户在好友聊天界面单击发送按钮时,获取向信息发送面板中的发送信息,调用 insertUserInfoToReceiveText()方法,插入聊天用户信息与系统当前时间,显示到信息接收面板上。并调用 sendMsg()方法,将信息处理后,发送给服务器。

```
void insertUserInfoToReceiveText(String chatusername) {
String info = "我" + "(" + new Date().toLocaleString() + ")";
appendReceiveText(info,new Color(68,184,29));
private void sendMsg(String name1,String msg,boolean isRoomShow)
{out.println(name1 + NAME_END + msg);
```

客户端要不断接收服务器发送过来的信息,为了防止跳出循环,而不再接收信息,调用两个 while 循环语句来实现其功能。客户端解析服务器传送过来的消息,做对应处理。

```
while (! socket.isClosed()) {
    while (! socket.isClosed() && (msg = in.readLine()) ! = null) {
        msg = specialMsg(msg);// 系统信息处理、
        if (msg.startsWith(MSG_FROM)) {
            msg = msg.replaceFirst(MSG_FROM,"");
            name = msg.substring(0,msg.indexOf(NAME_END));
            msg = msg.replaceFirst(name + NAME_END,"");
            appendReceiveText( msg + "\n ",null);
        }else if (msg.contains(NAME_END)) {
            name = msg.substring(0,msg.indexOf(NAME_END));}
```

14.5 本章小结

本章通过介绍在线聊天工具的开发过程,旨在引入 Java 网络编程,在处理聊天信息传送的工程中,运用了 TCP 技术。并且还运用了 GUI 编程中 Swing 插件里相对比较难运用的 JTree 组件,可以自定义树节点、节点图标,以及从数据库中提取数据更新树节点。数据库设计也较上一章案例更为复杂,继续加强 JDBC 编程。

思 考 题

如何给在线聊天工具增加视音频通信功能?

第15章 三维迷宫游戏设计与实现

迷宫游戏是益智类游戏的典型代表,迷幻错综的岔路和人类对未知的本能探索欲使得迷宫游戏经久不衰。本章案例是运用 Java 语言来实现伪 3D 即 2.5D 迷宫游戏,可以随机生成迷宫,清除迷宫,提示迷宫路径,并且随着用户放大或者缩小屏幕而自适应地产生复杂或者简化的迷宫。

15.1 关键技术解析

在游戏的设计过程中,迷宫的随机生成算法在各大相关书籍中呈现多元化,如何设计优而精的生成算法成了整个游戏设计的关键。在伪 3D 效果实现的环节,不仅运用到了计算机图形学中的透视投影,还汲取了色彩构成等美术学科的相关知识,使其成为整个游戏的亮点所在。

本章案例综合运用了 GUI 编程、游戏编程等前面各章节的相关知识,综合性较强,实现效果也较好。

15.2 三维迷宫需求分析

1. 三维迷宫功能需求

(1) 迷宫生成

能生成随机迷宫并保证生成的迷宫有解,而不是死迷宫。在此基础上运用最优的生成算法实现迷宫,缩短用户的等待时间。

(2) 伪三维效果

使生成的迷宫实现视觉上的伪三维效果。

(3) 用户响应与交互

用户通过键盘和鼠标控制在迷宫中的行走并能通过按钮实现迷宫的重置、路径搜寻等功能,并实现按键行走及成功走出迷宫的音效响应。

(4) 迷宫的解决路径

在用户无法自行得出路径时,系统给出正确的解决路径。

(5) 迷宫的大小改变

通过放大缩小窗口,实现迷宫大小及复杂度的改变。

(6) 迷宫的滚轮控制

通过拖曳滚动条实现迷宫的轴性转动,凸显三维效果。

2. 三维迷宫性能需求

为了给用户好的游戏体验,键盘及按钮的响应时间应该在 1 秒以内。

3. 三维迷宫逆向需求

程序不应该在不该响应的时候做出响应。例如,当用户成功走出迷宫出口时系统应该显示祝贺信息并播放胜利音效,但是当用户单击解决按钮,系统给出解决路径时,不应显示以上信息。

4. 三维迷宫拓展需求

程序在设计时应该分清模块,提高程序的兼容性,提高修改或加入新模块时的可行性。

15.3 三维迷宫各主要实现类

首先导入相应类包:

```
import java.awt.*;      //Java 抽象窗口工具 允许你使用 TextComponent 组件,例如 Buttons、Scrollbars、Canvas
import java.applet.*;                       //应用程序
import java.util.Date;                      // 时序包
```

1. 声明类 Maze3D

该类用于声明迷宫画布、控制面板等功能类。

在 init()方法中:

```
public class Maze3D extends Applet            // 第一个类    迷宫
public  boolean      clearUserAttempts;       // 清除用户轨迹
private MazeControls mazeControls;            // 控制面板
public  MazeCanvas   mazeCanvas;              // 迷宫画布
public  TextField    message;                 // 文字显示框
public  boolean      solutionDisplayed;       // 解决方案
```

2. 迷宫控制类 MazeControls

该类用于添加迷宫的功能按钮。

add(new Button("重置迷宫"));——添加"重置迷宫"按钮,实现 renew

add(new Button("清除"));——添加"清除"按钮,实现路径的清除

add(new Button("解决"));——添加"解决"按钮,显示正确的解决路线

add(new Button("信息"));——添加"信息"按钮,显示欢迎或胜利信息

3. 迷宫画布类 MazeCanvas

该类用于绘制迷宫。
```
MazeCanvas(Maze3D maze3D) {                    //进行类的初始化
    this.maze3D = maze3D;
    invalidated = false;
    previousWidth = 0;
    previousHeight = 0;
    p = new PaintScreen(this);
    p.start();}
```

15.4 三维迷宫随机生成算法分析

1. 最简单的迷宫雏形

随机生成一个 $m \times n$ 的迷宫,可用一个矩阵 maze[m][n] 来表示。

2. 更高级的随机生成方法

(1) 首先将迷宫分成若干个正方形的单元格。

(2) 将正被访问的单元格标记为已访问,得到它所有相邻单元格。在这些相邻的单元格中随机选择一个,如果这个被选中的单元格没有被访问过,那么移掉正被访问单元格和被选中单元格之间的墙体,并将这个被选中单元格作为正被访问单元格。如果正被访问单元格的所有相邻单元格都被访问过,那么在所有被访问过的单元格(这里指迷宫中所有已被访问过的单元格)中随机选中一个作为正被访问单元格,如此递归下去,直到迷宫中所有的单元格都被访问过为止。

3. 迷宫生成算法的具体阐释

(1) 出入口相交法

假定起点在左上角,终点在右下角。方法就是:从起点开始,随机选择一个方向移动,一直移动到终点,则移动的路径便是迷宫的路径。移动过程中保证路径不要相交,不要超出边界。

下面用图例具体演示一下实现的步骤。以下用灰色格子代表障碍物,白色格子代表可移动区域。先假设整个迷宫都为灰色格子(初始点、结束点除外)。

① 当有多个方向都有可能变为白色格子时,需要随机选取一个方向,这就是随机迷宫的来源,如图 15-1 所示。

② 假设随机选了右作为路径的下一步。判断某一方向(中间点)是否可变为白色格子,只要这一块的周围有三块为灰色格子就可行,这样就保证了不会出现路径相交的情况,如图 15-2 所示。

图 15-1　下、左、右三种可选的方向

图 15-2　左侧点有且仅有一个

③ 如果产生到了一个死胡同（左侧点），则需回退一格（右侧点），再重复上面的步骤。当然，为了实现该要求，需要一个已通过路径的表（PathList），依次记录所产生的白色格子的坐标，当走入死胡同时，只需pop掉最后一个坐标（设为n），这体现在表中最后一个坐标（n−1）即为所需要的，如图15-3所示。

上面是基本的思路，但有一个问题：如果出现如下情况，如图15-4所示，则路径表会将所有的元素pop掉，而永远到不了出口。

图15-3　当进入死胡同时

图15-4　永远到不了终点的情况

可能的解决方案：双路径搜寻，即从入口、出口同时搜寻路径，如图15-5所示。由于产生那种情况需要白色格子越过对角线（如图15-5所示，这里是左下角、右上角），所以双路径搜寻可以解决问题（问题没有出现的机会）。

但是按照这种方法生成的迷宫与其说是在生成迷宫，还不如说是在解决迷宫，其生成的迷宫会让人一眼看到迷宫的解，从而失去游戏性，如图15-6所示。

图15-5　双路径搜寻

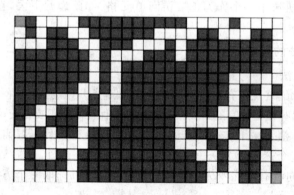
图15-6　方法一效果图

（2）图的深度优先遍历法

要遍历一个图，如图15-7所示，有以下几种方法。

深度优先遍历：从某个顶点出发，首先访问这个顶点，然后找出刚访问这个节点的第一个未被访问的邻节点，然后再以此邻节点为顶点，继续找它的下一个新的顶点进行访问，重复此步骤，直到所有节点都被访问完为止。

准备一个Stack s，预定义三种状态：A，未被访问；B，正准备访问；C，已经访问（从1开始）。

① 访问1，把它标记为已经访问，然后将与它相邻的并且标记为未被访问的点压入s中

并标记为正准备访问。此时系统状态如下。

已经被访问的点:1。

还没有被访问的点:3、4、6、7、8、9、10。

正准备访问的点:2、5(存放在 Stack 之中)。

② 从 Stack 中拿出第一个元素 2,标记为已经访问,然后将与它相邻的并且标记为未被访问的点压入 s 中并标记为正准备访问,如图 15-8 所示。

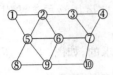
图 15-7　遍历图

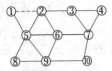
图 15-8　访问圈 2 点

此时系统状态如下。

已经被访问的点:1、2。

还没有被访问的点：4、6、7、8、9、10。

正准备访问的点:3、5(存放在 Stack 之中)。

③ 从 Stack 中拿出第一个元素 3,标记为已经访问,然后将与它相邻的并且标记为未被访问的点压入 s 中并标记为正准备访问,如图 15-9 所示。

此时系统状态如下。

已经被访问的点:1、2、3、4。

还没有被访问的点:8、9、10。

正准备访问的点:7、6、5(存放在 Stack 之中)。

依此类推,重复上面的动作,直到 Stack 为空,即所有的点都被访问。最后可能的遍历情况如图 15-10 所示。

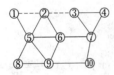
图 15-9　访问圈 3 点

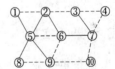
15-10　访问圈 4 点

这种算法每一个步骤都要执行一个操作,把刚刚访问过的点的相邻的并且没有标记为被访问过的点压入 Stack s 中,然后下一步访问的就是 Stack 中的第一个元素。那么,若一个点有多个相邻点的话,该按什么顺序压入呢？随机。这就是随机生成迷宫的核心所在！

从任意一点开始访问,往四个方向中的随机一个访问(每访问到一个可访问的点,就去掉该点的那个方向的墙),被访问点继续以这种方式向下进行访问。对每个被访问的点都被标识为已访问,当一个点对某个方向进行访问时我们首先会判断被访问点是否已被访问,或者触到边界。如果该点四个方向皆已访问或已无法访问,就退回上一个点。上一个点继续这个过程。

这样一次遍历下来,可以确定每个点都被访问过,而且由于每次访问的方向都是随机的,这就会形成许多不同遍历情况,同时每两个点之间的路径唯一,也就形成不同的迷宫,且起点到终点只有唯一路径,这是由于图的深度遍历算法的特点所决定的。算法的实现上,主要是利用栈,第一次先把第一个点压进栈里,每访问到一个点,就把该点压进栈里,我们再对栈顶的点进行四个方向的随机访问,访问到新点,又把新点压进去,一旦这个点四个方向都无法访问了,就让该点退栈,再对栈顶的点的四个方向进行访问,依此类推,直到栈里的点都全部退出了,遍历就成功了。

但是这种方法也存在很大的缺陷:虽然栈的读取速度很快,但是运用栈会出现一个致命的问题,那就是栈的溢出,它会导致程序无法正常运行,因此运用这种方法时必须控制好栈中存入节点的数量。

尽管如此,用方法二实现的迷宫还是很符合我们的要求的,如图15-11所示。

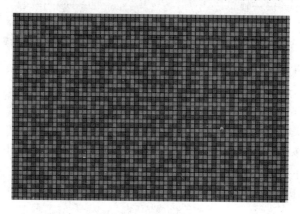

图 15-11　遍历效果图

15.5　三维迷宫功能模块实现

15.5.1　伪 3D 效果的实现

所谓"伪3D",说得更专业一点就是"2.5D",2.5D介于3D与完全平面的2D之间。即模拟了3D的空间感,也兼具2D的灵动简单,是一种"优势"的综合体。

要在2D平面上实现3D的效果就必须把三维物体的空间坐标系投影成平面二维坐标。

本程序中的三维实现主要运用了透视投影原理将三维坐标转换成二维坐标,各种坐标系的图例如图15-12所示。

透视投影(Perspective Projection)是为了获得接近真实三维物体的视觉效果而在二维的纸或者画布平面上绘图或者渲染的一种方法,也称为透视图。它具有消失感、距离感、相同大小的形体呈现出有规律的变化等一系列的透视特性,能逼真地反映形体的空间形象。透视投影通常用于动画、视觉仿真以及其他许多具有真实性反映的方面。

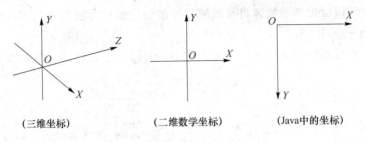

图 15-12　各大坐标系

透视投影的原理：基本的透视投影模型由视点 E 和视平面 P 两部分构成（要求 E 不在平面 P 上）。视点可以认为是观察者的位置，也是观察三维世界的角度。视平面就是渲染三维对象透视图的二维平面。对于世界中的任一点 X，构造一条起点为 E 并经过 X 点的射线 R，R 与平面 P 的交点 X_P 即是 X 点的透视投影结果。三维世界的物体可以看作是由点集合 $\{X_i\}$ 构成的，这样依次构造起点为 E，并经过点 X_i 的射线 R_i，这些射线与视平面 P 的交点集合便是三维世界在当前视点的透视图，如图 15-13 和图 15-14 所示。

基本透视投影模型对视点 E 的位置和视平面 P 的大小都没有限制，只要视点不在视平面上即可。P 无限大只适用于理论分析，实际情况总是限定 P 为一定大小的矩形平面，透视结果位于 P 之外的透视结果将被裁减。可以想象视平面为透明的玻璃窗，视点为玻璃窗前的观察者，观察者透过玻璃窗看到的外部世界便等同于外部世界在玻璃窗上的透视投影，如图15-13和图 15-14 所示。

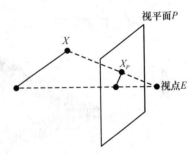

图 15-13　投影的几何呈现

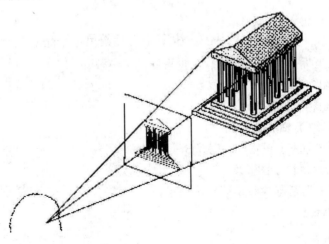

图 15-14　投影的实物呈现

当限定 P 的大小后，视点 E 的可视区间（或叫视景体）退化为一棱锥体，如图 15-15 所示。该棱锥体仍然是一个无限区域，其中视点 E 为棱锥体的顶点，视平面 P 为棱锥体的横截面。实际应用中，往往取位于两个横截面中间的棱台为可视区域，完全位于棱台之外的物体将被剔除,位于棱台边界的物体将被裁减。该棱台也被称为视锥体,它是计算机图形学中经常用到的一个投影模型。

总的来说,透视原理就是一句话:"近大远小,近高远低,近长远短",如图 15-16 所示。

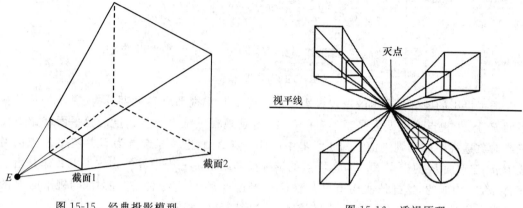

图 15-15　经典投影模型　　　　　图 15-16　透视原理

斜 45°角的伪三维图如图 15-17 所示,下面是斜 45°角求解绘图点坐标的一般过程。

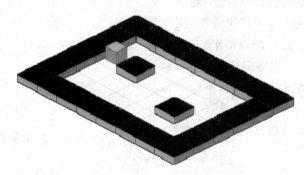

图 15-17　斜 45°角的伪三维图

首先,要转换坐标为斜 45°时位置,至少需要以下参数。

(1) mapX(地图 X 坐标)。

(2) mapY(地图 Y 坐标)。

(3) mapMaxY(Y 轴的最大纵深)。

(4) tileWidth(每块小图宽度)。

(5) tileHeight(每块小图高度)。

而后,才可以根据基础参数换算坐标位置:

screenX(屏幕坐标 X)

screenY(屏幕坐标 Y)

screenX = (mapX - mapY + mapMaxY) * (tileWidth / 2);

screenY = (mapX + mapY) * (tileHeight / 2);

bevelMapX(倾视的 X 坐标)

bevelMapY(倾视的 Y 坐标)

bevelMapX = ((screenY / tileHeight) + (screenX - (mapMaxY * tileWidth/2)) / tileWidth);

bevelMapY = ((screenY / tileHeight)-(screenX-(mapMaxY * tileWidth/2)) / tileWidth);

这时得到的 bevelMapX 及 bevelMapY 就是斜 45°时的绘图位置,以此坐标绘制准备好的斜视图,就自然会呈现在斜视情况下的 X、Y 点位置上。

下面展示伪三维实现的主要代码及功能模块:

```
POINT    corner;                    // 角度
double xAdjusted;
double yPrime;
double zPrime;
yPrime = (yMax – y) * cosTilt – z * sinTilt;    zPrime = (yMax – y) * sinTilt + z * cosTilt;
private void drawQuadrilateral    graph.setColor(redGreenBlue[colorNum]);
graph.fillPolygon(x,y,4);                       //填充四边形
drawQuadrilateral(quadrilateral,shade);   投射出有立体效果的四边形
displayQuadrilateral(x0,y0,0.0,x1,y1,0.0,x2,y2,0.0,x3,y3,0.0,FLOOR_COLOR);
```

首先绘制迷宫的"地板",如图 15-18 所示。

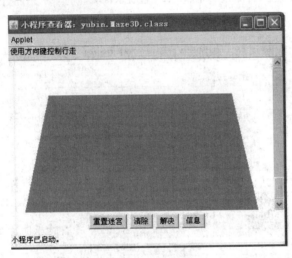

图 15-18 地板

displayQuadrilateral 方法作为 outputRectangle,outputLeftRight 的基础成为搭建三维迷宫墙体的"砖块",主要负责"地板"的铺设,而 outputRectangle 负责"墙顶"及面向我们的墙体的铺设,而 outputLeftRight 负责"左右"竖直墙面的铺设:

```
private void outputLeftRight( )      //输出东西竖直墙壁
displayQuadrilateral(x0,y0,RELATIVE_HEIGHT_OF_WALL,x1,y1,RELATIVE_HEIGHT_OF_WALL,x2,y2,0.
0,x3,y3,0.0,RECTANGLE_SE_NW_COLOR);
displayQuadrilateral(x0,y0,RELATIVE_HEIGHT_OF_WALL,x1,y1,RELATIVE_HEIGHT_OF_WALL,x2,y2,0.
0,x3,y3,0.0,RECTANGLE_SW_NE_COLOR);
```

outputLeftRight 方法生成了东西的竖直模拟光照板,如图 15-19 所示。

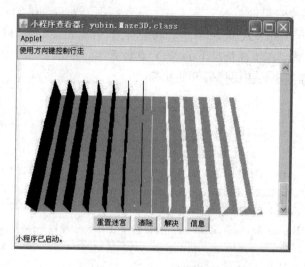

图 15-19 竖直东西墙

outputRectangle 方法生成水平方向立体墙壁,如图 15-20 所示。

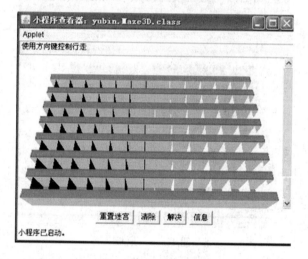

图 15-20 水平立体墙

```
private void outputRectangle()    //生成迷宫的横向墙壁
displayQuadrilatera (x0,y0,RELATIVE_HEIGHT_OF_WALL,x1,
y1,RELATIVE_HEIGHT_OF_WALL,x2,y2,0.0,x3,y3,0.0,faceColor);
displayQuadrilateral(x0,y0,RELATIVE_HEIGHT_OF_WALL,x1,
```

outputRectangle 方法生成竖直方向立体墙壁,如图 15-21 所示。

在 outputRectangle、outputLeftRight 两大方法中调用了 displayQuadrilateral 方法,同样也实现了三维效果,在 PaintScreen 类中声明颜色具体的 RGB 值,从而呈现我们想要的颜色。

```
redGreenBlue[BACKOUT_COLOR] = new Color(255,255,0);        //黄
redGreenBlue[ADVANCE_COLOR] = new Color(0,255,175);        //蓝
redGreenBlue[SOLUTION_COLOR] = new Color(0,0,0);           //黑
redGreenBlue[TOP_COLOR] = new Color(255,0,0);              //红
```

```
redGreenBlue[RECTANGLE_SE_NW_COLOR] = new Color(255,255,255);      //白
```

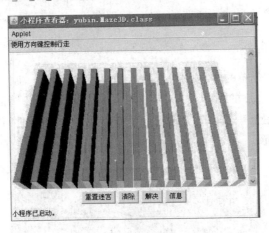

图 15-21　竖直立体墙

最终生成了有三维感觉的网格雏形,如图 15-22 所示。

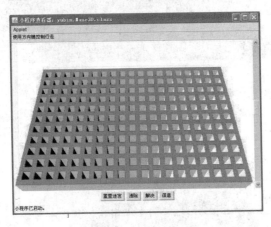

图 15-22　迷宫雏形网格

最后运用深度遍历的方式选择拆除墙体 sqrSelectMaze 方法实现迷宫的生成,如图15-23所示。

图 15-23　最终效果图

sqrSelectMaz 方法中调用了 sqrGenerateMaze 方法，在 sqrGenerateMaze 方法中运用了深度遍历的方法生成了有唯一通路的迷宫，原理在 15.2 节已深入研究，在此就不赘述了。

15.5.2 色彩的运用

以下是不进行色彩分布的图，图中我们看到的是经过图形学原理呈现的伪 3D 效果图，虽然能隐约感觉出一些 3D 的图形效果，但是却连迷宫的"真面目"都难以辨认，显然在呈现三维效果的时候光有图形学技术是不够的，还需要我们模拟光照的效果来加强三维感，如图 15-24 和图 15-25 所示。

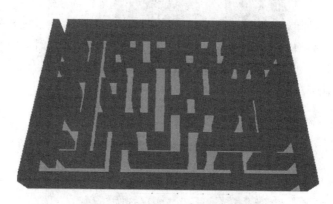

图 15-24　无色彩运用的伪三维迷宫图

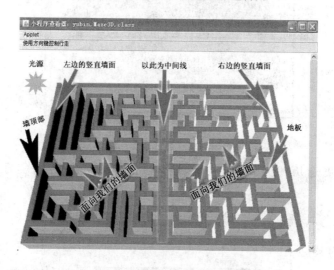

图 15-25　模拟光照后的效果

对比上面图的效果，该图呈现了比较明显的三维效果。

结合图来解释一下色彩分布的原因：假设左上角有一个光源，它将照射整个迷宫使得迷宫的各个墙面产生不同的光照效果。迷宫的墙面无非就是四大块：第一，整个迷宫的顶部，可以任意选择颜色；

第二，地板，不同于顶部，它一定是比较暗的，因为光不能完全照射到它（选用了深灰色）；

第三，水平方向的墙面，就是直接面向我们的墙面（如图 15-25 中带有"面向我们的墙体"字样的箭头所指），它应该是颜色差不多一致的，因为其每个位置所接受的光照是差不多的（选用了浅灰色）；

第四，竖直方向的墙面，如图中的中间分界线把整个迷宫隔分成左、右两块竖直墙面，由于左边墙面无法接受照射所以应该是所有墙体中最暗的面（选用黑色），而右边的竖直墙面应该是受光线直射的，因此是所有墙面中最亮的（选用白色）。

至此整个迷宫的三维呈现就完成了。

15.5.3 键盘及控制按键的功能实现

在第二大类 MazeControls 中包含了两大方法用于实现键盘事件和按钮事件。

（1）键盘事件：实现小键盘↑ ↓ ← →在迷宫中行走的功能

```
public boolean keyDown( Event ev,   int   key)
case Event.LEFT;                    // 实现"←"此按钮的功能
maze3D.mazeCanvas.p.sqrKey(0);
handled = true;
break;
```

sqrKey 方法：定义了变量：

```
boolean passageFound;              // 布尔型变量记录用户是否找到路径
int     xNext;                     // 记录用户下一步到达的 x 坐标值
double  xRelativeNext;// 记录当前到达点的前一个点的 x 坐标
int     yNext;                     // 记录用户下一步到达的 y 坐标值
double  yRelativeNext;             // 记录当前到达点的前一个点的 y 坐标
```

接下来运用 drawline 来绘制行走的路线，先声明方法：

```
private void drawLine(             //画线
涉及线条的方向 POINT tem;
tem = getCorner(x1,y1,RELATIVE_HEIGHT_OF_WALL);
graph.drawLine(lineX1,lineY1,lineX2,lineY2);
```

利用 drawline 方法就可以实现线段的绘制，即玩家的行走路径，在此方法中调用了 getcorner：tem＝getCorner(x1,y1,RELATIVE_HEIGHT_OF_WALL)表明因为迷宫是三维的，因此解决路径和用户行走路径应该加入角度的运算再显示出来，否则就会出现线条穿越墙体的效果。

```
if (userPage[yNext][xNext] = = '\001')
    graph.setColor(redGreenBlue[BACKOUT_COLOR]);
     userPage[userY][userX] = '\003';
else
    graph.setColor(redGreenBlue[ADVANCE_COLOR]);
    userPage[yNext][xNext] = '\001';
```

以上代码表明了前进路线的颜色[ADVANCE_COLOR]和折回路线的颜色[BACKOUT_COLOR]，如图 15-26 所示。

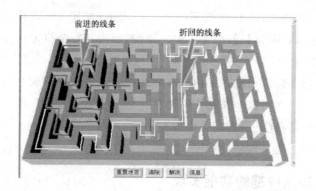

图 15-26　行走折回线条及颜色

由于 drawline 的画线方法默认 1 像素的宽度,线条的粗细无法很好地调整,成为此程序待解决的问题。

（2）按钮事件:实现按钮功能

① 展示了迷宫重置的方法:若单击"重置迷宫"按钮,迷宫画布先将画布的长和高赋值为零,再用 maze3D 调用画布类中的 piant 方法重新绘制迷宫。

```
if (label.equals("重置迷宫"))     {
    maze3D.solutionDisplayed = false;
    maze3D.mazeCanvas.previousHeight = 0;
    maze3D.mazeCanvas.previousWidth = 0;
    maze3D.mazeCanvas.paint(maze3D.mazeCanvas.getGraphics());}
```

② 选择语句实现了"解决"按钮的功能,如图 15-27 所示。

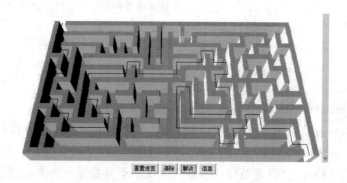

图 15-27　解决路径显示

```
public void paint(Graphics g)
else if (label.equals("解决")){
    maze3D.message.setText("解决路径如下");
    maze3D.solutionDisplayed = true;
    if (maze3D.mazeCanvas.p.alreadyPainting)
        maze3D.mazeCanvas.paint(
            maze3D.mazeCanvas.getGraphics());
```

```
        else
            maze3D.mazeCanvas.p.sqrDisplaySolution();}
```

③ 选择语句表示若单击"清除"键,则不显示解决路径且清除用户的尝试路径。
```
else if (label.equals("清除")){
        maze3D.message.setText("使用方向键控制行走");
        maze3D.solutionDisplayed = false;
        maze3D.clearUserAttempts = true;
        maze3D.mazeCanvas.paint(
        maze3D.mazeCanvas.getGraphics());}
```

④ 表明若单击"信息"按钮,则在窗口的上部打出"欢迎来到中国馆"字样,如图 15-28 所示。
```
else {
    if (label.equals("信息"))          // 信息
        maze3D.message.setText(
        "欢迎来到中国馆!"); }
```

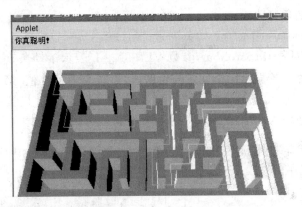

图 15-28 信息

⑤ 在用户成功走出迷宫时显示"你真聪明!"祝贺信息并有音乐响起,如图 15-29 所示。

图 15-29 成功走出迷宫

15.5.4 音效的实现

按键音效:
```
Applet    aplt;   // 声明方法的变量
AudioClip  A1;
AudioClip  A2;
A1 = getAudioClip(getDocumentBase(),"Audio/AUDIO1.AU ");//getAudioClip 方法播放文件夹
Audio 下的 AUDIO1 音乐
A2 = getAudioClip(getDocumentBase(),"Audio/AUDIO2.AU ");
public Applet getApplet()
maze3D.mazeCanvas.p.sqrKey(0);
handled = true;
this.maze3D.A1.play();   // 当单击小键盘的"←"按钮就播放音效
```

break;

15.5.5 滚动条的实现

滚动条效果如图 15-30 所示。

在第一个大类 Maze3D 中声明：

private Scrollbar   tiltScrollbar;   //拉伸杆

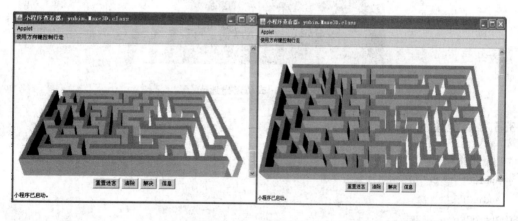

图 15-30　滚动条

public boolean handleEvent(Event ev)

boolean handled;

if (ev.target = = tiltScrollbar)

if (! mazeCanvas.p.alreadyPainting)

tilt = (double) (90-tiltScrollbar.getValue());

mazeCanvas.paint(mazeCanvas.getGraphics());

handled = true;

else

handled = false;

Tilt 表示倾斜度，该角度是整个迷宫与屏幕横切面之间的夹角，也就是三维体坐标投射成二维坐标正余弦的角度值。

tiltScrollbar = new Scrollbar(Scrollbar.VERTICAL,(int) tilt,5,15,60);

新建 Scrollbar 对象 tiltScrollbar，参数 VERTICAL 表示滚动条垂直显示，后面紧跟的四个参数中第一个为开始显示的滚动条的角度值，第二个为可视值，第三个为最小值，第四个为最大值。

拉伸杆实现了角度不同的迷宫展示，更好地呈现三维效果，如图 15-31 所示。

图 15-31　拉伸杆效果

15.5.6　窗口大小的改变

private synchronized boolean sizeChanged(boolean value)

boolean result = resize;

resize = value;

public synchronized boolean startOver(boolean value)

```
boolean result = restart;
restart = value;
if (restart)
if (mazeCanvas.resize)
sizeChanged(true);
```

下面是对 synchronized 方法的形象解释。

打个比方：一个 object 就像一个大房子，大门永远打开。房子里有很多房间（也就是方法）。这些房间有上锁（synchronized 方法）和不上锁之分（普通方法）。房门口放着一把钥匙（key），这把钥匙可以打开所有上锁的房间。另外把所有想调用该对象方法的线程比喻成想进入这房子某个房间的人。所有的东西就这么多了，下面我们看看这些东西之间如何作用的。

明确一下前提条件。该对象至少有一个 synchronized 方法，否则这个 key 就没有意义，当然也就不会有我们的这个主题了。一个人想进入某间上了锁的房间，他来到房子门口，看见钥匙在那儿（说明暂时还没有其他人要使用上锁的房间）。于是他走上去拿到了钥匙，并且按照自己的计划使用那些房间。注意一点，他每次使用完一次上锁的房间后会马上把钥匙还回去。即使他要连续使用两间上锁的房间，中间他也要把钥匙还回去，再取回来。

普通情况下钥匙的使用原则是："随用随借，用完即还。"以上的两个方法 startOver 和 sizeChanged 不能被同时访问，防止了类成员变量的访问冲突。

窗口大小的改变效果如图 15-32 所示。

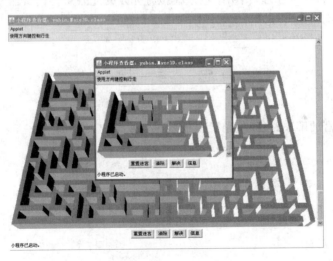

图 15-32　窗口大小的改变

15.5.7　尚不完善的方面

（1）程序为了实现更为逼真的三维效果模拟了灯光的照射，在生成迷宫时运用了从暗到明的色彩，换言之，迷宫中的色彩明暗兼具，因此在呈现路径线条时很难找到醒目的颜色来标示。原本想用小人实现用户的行走，但此迷宫不是二维平面而是三维，因此小人无法用图片来代替（当小人与用户之间成被俯视的关系时小人就变成了一张纸片），如果用三维模型,Java 目前并不支持,对于这个问题本人只能尽量选用明暗度相对适中的颜色来尽可能地彰显路径线条。

(2) 程序在设计之初只想到了 drawline 方法绘制线段便捷,而忽略了 drawline 方法的线段粗度只能是系统的默认值 1 像素,因此在呈现线条时"太苗条"。之后询问各达人欲求解决方法,终究未果。

(3) 该程序的游戏性不是很突出,设计之初并没有考虑关卡的设置,因此游戏缺少"欲罢不能"的感觉。

15.6 本章小结

本章介绍了三维迷宫游戏的开发过程,实现了迷宫的生成、迷宫的寻路及迷宫的伪三维实现效果。在迷宫的生成环节,运用了深度遍历的方法并将遍历节点存储在栈中,使得生成随机迷宫轻而易举而迷宫的复杂程度也较为理想,根据遍历的特性迷宫的解决路径也是必有并且有且仅有一条。但是鉴于栈的溢出特性,笔者在设计程序的时候,尽量缩减迷宫的圈回数(适当增加迷宫的围墙厚度),以降低溢出的可能性。在寻路环节,运用了递归(回溯法),让系统"探索"正确的迷宫路径:当迷宫有路走时则继续走,当无路时则折回继续探索其他的路。在伪 3D 效果的实现过程中运用了计算机图形学中的透视投影原理呈现迷宫砖墙的立体效果,并结合光学原理,用明暗色来模拟背光及受光效果。读者需掌握 GUI 编程、游戏编程等 Java 知识的综合运用。

思 考 题

重新设置迷宫的解决路径,使路径显现效果更逼真。